高等数学军事应用案例

（第 2 版）

主编 但 琦 吴松林

国防工业出版社

·北京·

内容简介

本书是依托同济大学编写的《高等数学》(第八版)中的知识点而编写的。本书的特点是以军事问题为驱动,提出问题、分析问题,从而提炼数学问题,再利用高等数学中相应的知识点来求解数学问题,最后进行结果分析。本书系统地将高等数学每一章知识来解决军事应用案例,同时,本书还将 Matlab 软件融入其中,利用 Matlab 编程实现案例的计算、求解和动画演示。本书是一本集高等数学知识、数学实验和军事应用案例为一体的教材,适合于军队院校和理工科类院校使用。

图书在版编目(CIP)数据

高等数学军事应用案例 / 但琦,吴松林主编. —2版. —北京:国防工业出版社,2024.6
ISBN 978-7-118-13307-3

Ⅰ. ①高… Ⅱ. ①但… ②吴… Ⅲ. ①高等数学–军事数学 Ⅳ. ①O13 ②E911

中国国家版本馆 CIP 数据核字(2024)第 103662 号

※

国防工业出版社出版发行
(北京市海淀区紫竹院南路23号 邮政编码100048)
北京富博印刷有限公司印刷
新华书店经售

*

开本 787×1092 1/16 印张 15 字数 335 千字
2024年6月第2版第1次印刷 印数 1—2500 册 定价 68.00 元

(本书如有印装错误,我社负责调换)

国防书店:(010)88540777   书店传真:(010)88540776
发行业务:(010)88540717   发行传真:(010)88540762

编写委员会

主　编　但　琦　吴松林
副主编　付诗禄　方　玲
编　委　林　琼　李　玻　申小娜　张　钊

第 2 版前言

本书第 1 版于 2017 年由国防工业出版社出版，根据教师和学员使用情况及需求，现修改完善成第 2 版，第 2 版在第 1 版基础上作了以下修改：

第一，修改了第 1 版的一些错误和不恰当的地方；

第二，增加了军事应用案例，由第 1 版 73 个案例增加到 85 个案例；

第三，改变了案例的顺序，案例的顺序按照同济大学《高等数学》知识点的顺序编写；

第四，为了便于老师教学和学生学习，对每个军事应用案例制作了配套 PPT；

第五，增加了习题。

编写本书人员有但琦、吴松林、付诗禄、林琼、方玲、李玻、申小娜和张钊。他们从事"高等数学"课程讲授多年，编写过《数学建模与数学实验》（该教材获得首届全国优秀教材二等奖）、《军事数学模型》和《高等数学应用案例》，具有很好的基础和经验。

由于编者水平所限，书中疏漏有所存在，敬请广大读者批评指正。

编　者

2024 年 3 月

第 1 版前言

目前，军队院校转型中对高等数学的教学研究的理论与实践还没有深入系统地研究，只是沿用了军队院校传统的教学内容和教学方式，针对各知识点，目前还没有可应用的针对性强和教学可操作性强的军事应用案例教材，解决军事实际问题的数学实验也不多，能够展示数学建模过程，达到理论与实际相结合的军事教材更是凤毛麟角。本教材是一本针对高等数学各章知识点编写相关的军事应用案例教材，它是对高等数学的教学内容的补充和完善。

本书共收集、整理和编写了 73 个军事应用案例，其中第 1 章极限与连续包含 3 个案例，第 2 章导数与微分包含 9 个案例，第 3 章微分中值定理与导数的应用包含 11 个案例，第 4 章不定积分包含 4 个案例，第 5 章定积分包含 5 个案例，第 6 章定积分的应用包含 6 个案例，第 7 章微分方程包含 14 个案例，第 8 章向量代数与空间解析几何包含 6 个案例，第 9 章多元函数微分学包含 6 个案例，第 10 章重积分包含 4 个案例，第 11 章曲线积分与曲面积分包含 2 个案例，第 12 章无穷级数包含 3 个案例。各案例涵盖了高等数学知识点，集文字、图形和数学实验（有源程序）于一体，形象直观、通俗易懂。

编写本书的人员有但琦、吴松林、付诗禄、林琼、方玲、李玻、申小娜，他们从事高等数学课程讲授多年，编写过《数学建模与数学实验》《军事后勤模型》和《高等数学应用案例》，具有很好的基础和经验。

由于编者水平所限，书中疏漏在所难免，敬请广大读者批评指正。

编　者
2016 年 4 月

目 录

第1章 极限与连续 1
  1.1 紧急集合中的路线选择问题 1
  1.2 物资空投轨迹问题 3
  1.3 枪榴弹弹道方程设计问题 6
  1.4 军事训练中的熟能生巧问题 8
  1.5 换岗换哨中的巧合问题 11
  习题1 15

第2章 导数与微分 17
  2.1 投运物资着陆速度问题 17
  2.2 战机的降落曲线问题 19
  2.3 炮筒长度增速问题 22
  2.4 炮弹的运动轨迹和速度大小问题 24
  2.5 基于方位角变化率的无源测距定位问题 26
  2.6 油层在海面上的扩散问题 29
  2.7 侦察机上摄影机转动的角速度问题 30
  2.8 两舰的位置关系问题 32
  2.9 梯子的安全问题 34
  2.10 核弹头大小选择问题 36
  2.11 隐身飞机涂层厚度问题 38
  2.12 狙击手瞄准问题 39
  习题2 41

第3章 微分中值定理与导数的应用 42
  3.1 返回舱着陆过程中发动机点火时机问题 42
  3.2 雷达测距问题 43
  3.3 输油管道铺设的优化设计问题 47
  3.4 抢险救灾道路选点问题 49
  3.5 油桶尺寸设计问题 51
  3.6 破甲弹杆状头螺最佳长度问题 52
  3.7 建造淋浴排水坑费用问题 54
  3.8 用电调度问题 55

3.9 飞行员对座椅的压力问题 ································· 57
　　习题 3 ·· 60

第 4 章　不定积分 ································· 61
4.1 抛物面卫星天线设计问题 ································· 61
4.2 战斗机跑道长度设计问题 ································· 63
4.3 石油的消耗量问题 ·· 66
4.4 潜水艇的下沉速度问题 ································· 68
4.5 战斗机安全降落跑道的长度问题 ····················· 70
　　习题 4 ·· 73

第 5 章　定积分 ································· 74
5.1 海湾泄漏油面积计算问题 ································· 74
5.2 消防武警森林灭火人员数量问题 ····················· 76
5.3 武器装备的平均可用度问题 ···························· 78
5.4 通过储油罐油液面高度计算储油量问题 ········ 80
5.5 火箭飞出地球的速度问题 ································· 83
　　习题 5 ·· 84

第 6 章　定积分的应用 ································· 86
6.1 有洞量杯的使用问题 ·· 86
6.2 子弹弹道长度问题 ·· 88
6.3 潜艇观察窗的压力问题 ································· 90
6.4 帐篷打桩问题 ·· 92
6.5 歼 20 飞机活塞做功问题 ································· 94
6.6 油罐倒油作功问题 ·· 96
　　习题 6 ·· 98

第 7 章　微分方程 ································· 99
7.1 油罐车排油问题 ·· 99
7.2 伞兵的下降速度问题 ·· 102
7.3 兰彻斯特（Lanchester）作战模型 ·················· 106
7.4 探照灯镜面设计问题 ·· 109
7.5 武装泅渡的路线问题 ·· 112
7.6 库房的通风换气问题 ·· 115
7.7 子弹过墙的时间问题 ·· 117
7.8 鱼雷打击敌舰问题 ·· 120
7.9 海军探测仪下沉速度问题 ································· 123
7.10 野营部队战士晒衣服的绳子问题 ···················· 125
7.11 动能导弹穿甲简化模型 ································· 128

7.12	军用汽车中的振动方程问题	131
7.13	海军导弹打击范围问题	136
7.14	作战模拟中的追击问题	141
7.15	油品顺序输送管道混油浓度的计算问题	149
习题 7		152

第 8 章 向量代数与空间解析几何 … 153

8.1	部队垂直渡河问题	153
8.2	部队行军中风向和风速判断问题	155
8.3	战斗机飞行方向的调整问题	156
8.4	装备的损伤模拟问题	158
8.5	圆锥形山包的最短路线问题	162
8.6	高射炮火力的空间打击范围问题	164
8.7	超声速战机的"马赫锥"问题	166
习题 8		171

第 9 章 多元函数微分学 … 173

9.1	油罐检测验收问题	173
9.2	炮弹在空中的运行问题	174
9.3	暴雨中的飞行路线问题	176
9.4	警犬缉毒最佳搜索路线问题	179
9.5	抢占牛头山路线问题	182
9.6	营房选址问题	185
9.7	目标飞行器表面温度的分布问题	187
习题 9		190

第 10 章 重积分 … 191

10.1	拱顶储油罐容积问题	191
10.2	估计湖的平均深度问题	192
10.3	武警消防车水枪喷水速度与枪口面积关系问题	194
10.4	储油罐中油品的体积问题	196
10.5	航天器密封舱在海面上的溅落问题	199
10.6	龙卷风做功问题	201
习题 10		203

第 11 章 曲线积分与曲面积分 … 204

11.1	侦察卫星覆盖面积问题	204
11.2	拱顶油罐外表面积问题	207
11.3	潮涨潮落时小岛露出海面的面积比问题	208
11.4	某海域面积计算问题	210

  习题 11 ·········· 212
第 12 章 无穷级数 ·········· 213
 12.1 原子弹在爆炸时的威力问题 ·········· 213
 12.2 追踪运动信号源问题 ·········· 215
 12.3 雷达发射信号探测目标问题 ·········· 217
 12.4 雷达信号频谱分析问题 ·········· 220
  习题 12 ·········· 223
参考文献 ·········· 224

第1章 极限与连续

1.1 紧急集合中的路线选择问题

1.1.1 问题提出

紧急集合演练在我国部队、军事院校和公安院校往往作为战士和学员的必修课之一，对保持队伍的战斗力以及纪律性有着重大意义。

假设士兵在游泳池里游泳时碰上紧急集合，为在规定的时间赶到集合地点，如何选择行走路线？上岸点又该设置在哪里？

1.1.2 问题分析

碰到紧急集合时，时间最省的路线就是最佳路线。如果能找到时间与路程的函数关系、时间与上岸点的函数关系，问题就能迎刃而解。所以，建立函数关系是确定最佳路线以及上岸点位置的关键。

不过，还需要一些已知条件，如游泳池的形状、士兵在游泳池里的位置、集合地点、士兵的游泳速度以及跑步速度。

1.1.3 数学问题

如图 1-1 所示，有一个士兵在半径为 R 的圆形游泳池内游泳，游泳池边缘曲线方程为 $x^2+y^2 \leqslant R^2$。当他位于点 $P\left(-\dfrac{R}{2}, 0\right)$ 时，听到紧急集合号，于是马上赶回位于点 $A(2R, 0)$ 处的集合地点。设该士兵的游泳速度为 v_1，跑步速度为 v_2，求赶回集合地点所需的时间 t 与上岸点 M 位置的函数关系。

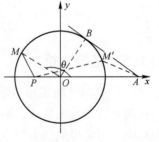

图 1-1 紧急集合路线示意图

1.1.4 问题求解

要求时间 t 与上岸点 M 位置的函数关系，一定要先把上岸点 M 的位置用坐标确定下来（可用极坐标表示）。赶回集合地点所需的时间 t 由游泳所花时间 t_1 和跑步所花时间 t_2 构成，分别建立 t_1，t_2 与点 M 的坐标的关系式即可。由于游泳池关于 x 轴对称，故只需讨论上半圆周上岸的情况。

设 θ 为 OM 的极角，$0 \leqslant \theta \leqslant \pi$，则上岸点 M 的极坐标为 $(R\cos\theta, R\sin\theta)$。由此，建立

赶回集合地点所需的时间 t 与上岸点 M 位置的函数关系，实际上就是建立 t 与极角 θ 的函数关系。

先考虑该士兵游泳所花的时间 t_1，易知

$$t_1 = \frac{\overline{PM}}{v_1}$$

其中，$\overline{PM}$ 表示线段 PM 的长度。根据图 1-1 所示的几何关系可知

$$\overline{PM} = \sqrt{\left(R\cos\theta + \frac{R}{2}\right)^2 + R^2\sin^2\theta} = \frac{R}{2}\sqrt{5+4\cos\theta}$$

所以

$$t_1 = \frac{\overline{PM}}{v_1} = \frac{R}{2v_1}\sqrt{5+4\cos\theta}$$

再考虑跑步所需的时间 t_2，根据上岸点位置的不同分两种情况进行讨论。

① 当 $0 \leq \theta \leq \frac{\pi}{3}$ 时，有

$$t_2 = \frac{\overline{M'A}}{v_2} = \frac{R}{v_2}\sqrt{5-4\cos\theta}$$

② 当 $\frac{\pi}{3} \leq \theta \leq \pi$ 时，要先跑一段圆弧 $\overset{\frown}{MB}$，再跑一段直线段 $\overline{BA}$，所以

$$t_2 = \frac{1}{v_2}(\overset{\frown}{MB} + \overline{BA}) = \frac{R}{v_2}\left(\theta - \frac{\pi}{3} + \sqrt{3}\right)$$

综上所述，可得

$$t = \begin{cases} \dfrac{R}{2v_1}\sqrt{5+4\cos\theta} + \dfrac{R}{v_2}\sqrt{5-4\cos\theta}, & 0 \leq \theta \leq \dfrac{\pi}{3} \\ \dfrac{R}{2v_1}\sqrt{5+4\cos\theta} + \dfrac{R}{v_2}\left(\theta - \dfrac{\pi}{3} + \sqrt{3}\right), & \dfrac{\pi}{3} \leq \theta \leq \pi \end{cases}$$

1.1.5 结果分析

（1）本问题的实质是建立时间与极角的函数关系。根据赶回集合地点所需的时间 t 与极角 θ 的函数关系式，给定 θ，就有时间 t 与之对应。取使得时间 t 最小的 θ，代入极坐标中，可算得最佳上岸点的坐标。

（2）函数是反映变量之间关系的有力工具，掌握函数及其基本性质，对我们的生活和学习都将有帮助。

1.1.6 涉及知识点

函数　设 x 和 y 是两个变量，D 是一个给定的数集，如果对于每个数 $x \in D$，变量 y 按照一定法则总有确定的数值和它对应，则称 y 是 x 的函数，记作 $y=f(x)$。其中，x 称为自变量，y 称为因变量，D 称为定义域。

复合函数　设函数 $g: X \to R, f: Y \to R, g(X) \subseteq Y$，若 $D_f \cap R_g \neq \varnothing$，则有复合函数 $f \circ g: X \to R$，记为 $(f \circ g)(x) = f[g(x)]$，一般 $f \circ g \neq g \circ f$。

分段函数 在自变量的不同变化范围下，对应法则用不同式子来表示的函数，通常称为分段函数。

1.1.7 拓展应用

根据所确定的函数关系，若设 $R=10\text{m}$，$v_1=2\text{m/s}$，$v_2=8\text{m/s}$，你能确定使得时间最短的路线吗？如果紧急集合时间为 5min，能否赶上紧急集合？

提示：由 $R=10\text{m}$，$v_1=2\text{m/s}$，$v_2=8\text{m/s}$ 可知

$$t=\begin{cases}\dfrac{5}{2}\sqrt{5+4\cos\theta}+\dfrac{5}{8}\sqrt{5-4\cos\theta},0\leqslant\theta\leqslant\dfrac{\pi}{3}\\\dfrac{5}{2}\sqrt{5+4\cos\theta}+\dfrac{5}{8}\left(\theta-\dfrac{\pi}{3}+\sqrt{3}\right),\dfrac{\pi}{3}\leqslant\theta\leqslant\pi\end{cases}$$

由 $t\leqslant 5$ 求解出满足条件的 θ。根据结果判断是否能赶上紧急集合，由此也可确定上岸点 M 的位置。至于如何求出到集合点 A 的最短时间，这需要运用导数的应用之函数的极值与最值的知识来解决。

1.2 物资空投轨迹问题

1.2.1 问题提出

空投物资是军事演练的重要项目之一。在瞬息万变的战场，根据需要准确地将物资投放到目的地，是保障打赢的重要环节之一。

例如，用军用运输机向一个受灾地区空投应急救援食品与药物，飞机在一长条形的开放区域的边上立即投下物资，如果要求物资落在开放区域内，能否做到呢？飞机飞行图如图 1-2 所示。

图 1-2 飞机飞行图

1.2.2 问题分析

空投物资，物资下落遵循一定的规律，可以用函数关系来表示。如果知道物资下落

的规律，那么就可以通过分析函数的基本性质得到需要的信息，从而回答问题。

1.2.3 数学问题

一架军用运输机正在向一个受灾地区空投应急救援食品与药物，如果飞机在一宽为200m的条形开放区域（图1-3）的边上立即投下物资，假定物资的运动曲线为

$$x = 40t, \quad y = -5t^2 + 120 \text{ (m)}$$

其中 t 为时间，单位为 s。问：物资能否在指定区域内着陆？并求物资下落路径的笛卡儿坐标方程。

图 1-3 空投着陆区域示意

1.2.4 问题求解

先解决后一问，实际是曲线的参数方程化笛卡儿坐标方程的问题，只需将 t 用 x 表示并代入到 $y = -5t^2 + 120$ 中便可得物资下落路径的笛卡儿坐标方程。需要注意的是，还应明确其定义域。有了笛卡儿坐标方程，要回答前一问也就是考查该函数的定义域，看区间长度是否小于 200m。

因为 $x = 40t$，所以 $t = \dfrac{x}{40}$，代入 $y = -5t^2 + 120$ 中得

$$y = 120 - \dfrac{x^2}{320}$$

由于 $x, y \geq 0$，则 $0 \leq x \leq 80\sqrt{6}$。

因此，物资下落路径的笛卡儿坐标方程为

$$y = 120 - \dfrac{x^2}{320}, \quad 0 \leq x \leq 80\sqrt{6}$$

判断物资能否落入指定区域，主要看纵坐标 $y = 0$ 时横坐标 x 的取值。当 $y = 0$ 时，x 取最大值 $80\sqrt{6} \approx 195.9592$，略小于 200m，所以物资一定能在指定区域内着陆。

还可以利用 Matlab 绘制开放区域及物资落下的轨迹图，以便更直观地理解结论。Matlab 程序如下：

```
y = 1:120
x1 = 200-y*0;
x2 = y*0;
plot(x1,y,'b-',x2,y,'b-','linewidth',3)        %绘制开放区域边界
hold on
x = linspace(0,80*sqrt(6),30);
y = 120-x.^2/320;
plot(x,y,'r','linewidth',3)                    %绘制物资下落轨迹
grid on                                        %添加栅格
```

运行程序，结果如图 1-4 所示。

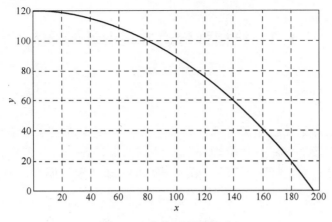

图 1-4 物资下落的轨迹

1.2.5 结果分析

物资空投轨迹能反映出物资能否空投到指定的区域中,而函数是反映变量之间关系的有力工具,它可以提供非常有用的信息,用以确定能否到达空投区域。

1.2.6 涉及知识点

函数 设 x 和 y 是两个变量,D 是一个给定的数集,如果对于每个数 $x \in D$,变量 y 按照一定法则总有确定的数值和它对应,则称 y 是 x 的函数,记作 $y=f(x)$。其中 x 成为自变量,y 成为因变量,D 成为定义域。

曲线的参数方程 将曲线上的动点的坐标 (x,y) 表示为参数 t 的函数,即

$$\begin{cases} x=\varphi(t), \\ y=\phi(t), \end{cases} a \leq t \leq b$$

此方程组称为曲线的参数方程。

1.2.7 拓展应用

结合上述问题的解决过程,考虑如下问题:

假定某一质点在 t 时刻的位置由下式给出:

$$x_1 = 3\sin t, \quad y_1 = 2\cos t, \quad 0 \leq t \leq 2\pi$$

第二个质点的位置由下式给出:

$$x_2 = -3+\cos t, \quad y_2 = 1+\sin t, \quad 0 \leq t \leq 2\pi$$

(1) 画出这两个质点的线路图。它们一共有几个交点?

(2) 这些交点中有没有碰撞点?也就是说,有没有两个质点同时到达同一个位置的情况?如果有,找出碰撞点。

(3) 试描述一下,如果第二个质点的位置改为

$$x_2 = 3+\cos t, \quad y_2 = 1+\sin t, \quad 0 \leq t \leq 2\pi$$

会发生什么情况。

1.3 枪榴弹弹道方程设计问题

1.3.1 问题提出

我军早年武器专家吴运铎在《把一切献给党》一书中讲述了一个有趣的故事：抗日战争期间，他制造了一种叫"枪榴弹"的新式武器，在一次实战中，枪榴弹没打中冲锋在前面的伪军，而是打到了躲在小山后休息的鬼子头上。那么，枪榴弹是如何打到鬼子头上的呢？

1.3.2 问题分析

要解释枪榴弹为什么没打中冲锋在前的伪军，而是打到躲在小山后休息的日本鬼子头上，就必须了解枪榴弹的飞行曲线（抛物线），其中发射角是确定枪榴弹飞行曲线的重要因素。

1.3.3 数学问题

设在射击时枪榴弹以初速度为140m/s离开枪口，小鬼子躲在距离我军1750m处的山后，而小山位于我军与鬼子的正中间，其高度为700m。不计空气阻力的情况下，试求出恰能打中鬼子兵的弹道曲线方程。

1.3.4 问题求解

首先根据已知条件给出弹道曲线的方程，然后结合小鬼子与我军的位置关系，确定发射角，最后检验该发射角下抛物线顶点的高度是否大于小山的高度。

以枪榴弹发射位置为原点 O，枪榴弹发射位置 O 与鬼子所在位置 A 的连线为 x 轴建立坐标系，如图 1-5 所示。根据已知，$OA = 1750(\text{m})$，$CB = 700(\text{m})$。

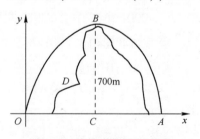

图 1-5 枪榴弹轨迹示意图

设发射角为 α，由于枪榴弹的初速度为140m/s，在不计空气阻力的情况下，弹道曲线的参数方程为

$$\begin{cases} x = 140t\cos\alpha \\ y = 140t\sin\alpha - \dfrac{1}{2}gt^2 = 140t\sin\alpha - 4.9t^2 \end{cases}$$

其中 t 表示时间，单位为 s。消去 t，可得

$$y = x\tan\alpha - \frac{1}{4000}x^2\sec^2\alpha$$

将 $x = 1750$，$y = 0$ 代入上式，得 $\sin 2\alpha = \frac{7}{8}$，解得

$$\alpha_1 = 30.5°, \quad \alpha_2 = 59.5°$$

当 $\alpha = \alpha_1 = 30.5°$ 时，抛物线的顶点纵坐标为

$$y_1 = 875\tan 30.5° - \frac{875^2}{4000}\sec^2 30.5° \approx 257.6\text{m}$$

当 $\alpha = \alpha_2 = 59.5°$ 时，抛物线的顶点纵坐标为

$$y_2 = 875\tan 59.5° - \frac{875^2}{4000}\sec^2 59.5° \approx 742.2\text{m}$$

742.2>700，此时枪榴弹可以翻过山顶，打到躲在山后的鬼子。由此可知，恰能打中鬼子的弹道曲线是

$$y = x\tan 59.5° - \frac{1}{4000}x^2\sec^2 59.5°$$

还可以利用 Matlab 绘制 $\alpha = 59.5°$ 时的弹道轨迹图，直观感受结果。Matlab 程序如下：

```
x = 1:1750;
alpha = 59.5 * pi/180;
y = x * tan(alpha) - 1/4000 * x.^2/cos(alpha)^2;
plot(x,y,'r-','linewidth',3)        %绘制弹道轨迹
hold on
y = 0:700;
x = ones(size(y)) * 1750/2;
plot(x,y,'b-','linewidth',3)
gtext('小山高度 700m')
grid on
```

运行程序，结果如图 1-6 所示。

1.3.5 结果分析

若选取发射角 $\alpha = 59.5°$，可使枪榴弹的运行轨迹（抛物线）的顶点高度达到 742m，那么只要小山的高度不超过 742m，枪榴弹就一定能够打到躲在山后离我军 1750m 处的鬼子。由此可知恰能打中鬼子的弹道曲线是

$$y = x\tan 59.5° - \frac{1}{4000}x^2\sec^2 59.5°$$

函数是反映变量之间关系的有力工具，掌握函数及其基本性质，对我们的生活和学习都有帮助。

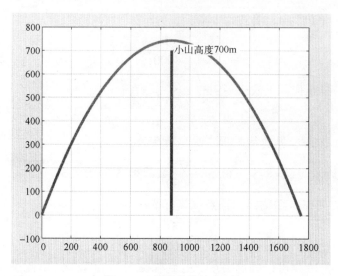

图 1-6 弹道曲线轨迹图

1.3.6 涉及知识点

函数 设 x 和 y 是两个变量，D 是一个给定的数集，如果对于每个数 $x \in D$，变量 y 按照一定法则总有确定的数值和它对应，则称 y 是 x 的函数，记作 $y=f(x)$。其中 x 称为自变量，y 称为因变量，D 称为定义域。

曲线的参数方程 将曲线上的动点的坐标 (x,y) 表示为参数 t 的函数 $\begin{cases} x=\varphi(t), \\ y=\phi(t), \end{cases} a \leq t \leq b$，此方程组称为曲线的参数方程。

1.3.7 拓展应用

1. 如果伪军在山前点 $D(x_0, y_0)$ 处，如何调整发射角，枪榴弹才能准确地击中冲锋在前的伪军呢？并确定 $x_0 = 500$，$y_0 = 240$ 时的发射角。

2. 炮弹运行的轨迹是抛物线，现测得炮位 A 与目标 B 的水平距离为 6000m，而当射程为 6000m，炮弹运行轨道的最大高度是 1200m 时，在 AB 上距离 A 点 500m 处有一高达 350m 的建筑物，试计算炮弹能否越过此建筑物（不计空气阻力）。

1.4 军事训练中的熟能生巧问题

1.4.1 问题提出

在军事训练中，常常会碰到这样的现象：有的人训练动作学得快，有的人学起来比较费劲，跟不上进度。这时人们常会鼓励学起来费劲的人说："慢慢来，多做练习，熟能生巧。"心理学研究指出，任何一种新技能的获得和提高都要通过一定时间的学习。你能从数学的角度来解释它吗？

1.4.2 问题分析

军事训练中上述现象的出现,是因为大家的学习速度和掌握程度各不一样。熟能生巧,可以理解为经过反复地学习,一定能够掌握技能。可以尝试从极限的角度来讨论这一问题。

以射击打靶为例,不妨做如下假设:

(1) b_0 为开始训练射击打靶时所掌握的程度,$0 \leq b_0 \leq 1$;b_n 为经过 n 次训练后所掌握的程度。

(2) 假设每训练一次,就能掌握一定的要领,其程度为常数 $A(0<A<1)$,即每次训练所掌握的要领占上次训练要领的百分比。

1.4.3 数学问题

已知 $b_0(0 \leq b_0 \leq 1)$ 为开始训练射击打靶时所掌握的程度,b_n 为经过 n 次训练后所掌握的程度,每次训练所掌握的要领占上次训练的百分比为 $A(0<A<1)$。能否用数学知识描述掌握射击打靶的程度的变化?

1.4.4 问题求解

首先根据题意将 b_n 表示出来,然后借助极限,让训练次数 n 趋近于无穷,利用极限讨论掌握射击打靶技能的程度的变化规律。

根据题意,$1-b_0$ 为第一次训练前未掌握要领的程度,经过一次训练后掌握要领的程度为

$$b_1 = b_0 + A(1-b_0)$$

类似有

$$b_2 = b_1 + A(1-b_1)$$

以此类推,经过 $n+1$ 次训练后有

$$b_{n+1} = b_n + A(1-b_n), \quad n=0,1,2,3,\cdots$$

变形得到

$$1 - b_{n+1} = (1-b_n)(1-A), \quad n=0,1,2,3,\cdots$$

于是,有

$$b_n = 1 - (1-b_0)(1-A)^n, \quad n=0,1,2,3,\cdots$$

可以看出:随着训练次数 n 的增大,有

$$\lim_{n \to \infty}(1-A)^n = 0$$

则 b_n 也随着增大,且越来越接近 1,但是不会达到 1,即有

$$\lim_{n \to \infty} b_n = \lim_{n \to \infty} [1-(1-b_0)(1-A)^n] = 1 - \lim_{n \to \infty}[(1-b_0)(1-A)^n] = 1$$

1.4.5 结果分析

(1) $\lim\limits_{n \to \infty} b_n = 1$,掌握程度 b_n 随 n 的增大趋近 1,这就充分说明了训练中的一个道理:熟能生巧。

（2）利用极限知识理性分析生活道理，更有说服力，也说明了自然科学与人文科学是相通的。

1.4.6 涉及知识点

数列的极限 若数列$\{x_n\}$及常数a满足：对于任意给定的$\varepsilon>0$，存在正整数N，使得当$n>N$时，总有$|x_n-a|<\varepsilon$，则称该数列$\{x_n\}$的极限为a，记作$\lim\limits_{n\to\infty}x_n=a$或$x_n\to a(n\to\infty)$，此时也称数列收敛，否则称数列发散。

1.4.7 拓展应用

一般情况下，取$b_0=0$，即训练开始时一无所知，如果每次训练掌握程度为30%，假设在训练过程中，掌握95%以上就算是掌握良好了。根据上述分析，计算至少需要训练多少次才能达到良好？

解：代入数据，利用公式
$$b_n=1-(1-b_0)(1-A)^n, \quad n=0,1,2,3,\cdots$$
计算b_n，具体结果如表1-1所示。

从表1-1不难看出，在现有条件下，一项技能要达到掌握95%以上，至少需要9次以上的训练。若某项军事技能的难度非常高，每次训练掌握程度小于30%，则需要更多次数的训练才行。不管怎样，随着训练次数的增加，对于军事技能的掌握程度总会趋近1。

表1-1 训练次数n与掌握程度b_n关系表

n	1	2	3	4	5	6	7	8	9	10
b_n	0.3	0.51	0.66	0.76	0.83	0.88	0.92	0.94	0.96	0.97

还可借助Matlab计算上表的结果，并绘制掌握程度随训练次数变化的示意图（图1-7），Matlab程序如下：

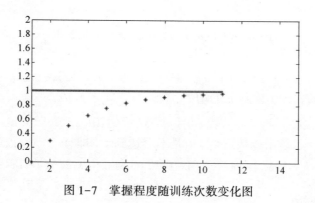

图1-7 掌握程度随训练次数变化图

```
b=zeros(11,1); b(1)=0;
for i=2:11
```

```
          b(i)= 1-(1-b(i-1)) * (1-0.3);        %计算掌握程度
end
b                                              %显示掌握程度
x = 1:11; y = ones(1,11);
plot(x,b,'*',x,y,'r')                          %绘制图形
```

运行结果如下：

b =   0
    0.3000
    0.5100
    0.6570
    0.7599
    0.8319
    0.8824
    0.9176
    0.9424
    0.9596
    0.9718

1.5 换岗换哨中的巧合问题

1.5.1 问题提出

某个巡逻小分队定期派人到山上巡逻，每两天一个来回，上午 6 点从山下的驻地出发，当天下午 4 点到达山顶。如图 1-8 所示，有一次轮到小魏巡逻，第一天上山，队长在下午 1 点 1 刻左右联系小魏，小魏报告了所在地：距鹰场 100m。第二天沿原路下山，队长仍在下午 1 点 1 刻左右联系小魏，小魏继续报告所在地，竟发现与昨天报告的位置相同：距鹰场 100m。小魏心想，自己竟然在两天的同一个时刻经过了同一个地方，真是太巧了！你怎么看？这是一个巧合吗？

图 1-8 换岗换哨的故事

1.5.2 问题分析

将上述问题数学化，上山和下山过程对应路程与时间的函数关系，问题是否可以归结为找两个连续函数关系的交点？

设山下驻地与山顶驻地之间的路程为 L，引入函数 $f(t)$ 表示时刻 $t(\in[6,16])$ 小魏离开山下驻地走过的路程，$g(t)$ 表示小魏第二天下山时在与前一天相同时刻尚未走完的路程，易知 $f(t)$、$g(t)$ 均为区间 $[6,16]$ 上的连续函数，且 $f(6)=0$，$f(16)=L$，$g(6)=L$，$g(16)=0$。

如果考虑小魏是匀速上下山，画出函数 $f(t)$、$g(t)$ 的示意图，如图 1-9 所示。值得注意的是，如果小魏不是匀速上下山，因此图 1-9 中函数 $f(t)$、$g(t)$ 的图像均应为曲线。

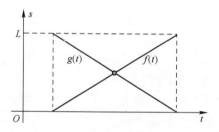

图 1-9 匀速上山下山函数示意图

要搞清楚小魏在两天的同一时刻经过巡逻路上的同一个地方是否为一个巧合，也就是要证明是否存在一点 $\xi \in [6,16]$，使 $f(\xi)=g(\xi)$。

1.5.3 数学问题

已知连续函数 $f(t)$，$g(t)$ 均为区间 $[6,16]$ 上的连续函数，且 $f(6)=0$，$f(16)=L$，$g(6)=L$，$g(16)=0$，证明至少存在一点 $\xi \in [6,16]$，使 $f(\xi)=g(\xi)$。

1.5.4 问题求解

构造辅助函数 $\varphi(t)$，满足在闭区间上连续的条件，然后根据闭区间上连续函数的性质——介值定理或零点定理，就可以证明该结论。

作辅助函数 $\varphi(t)=f(t)-g(t)$，则 $\varphi(t)$ 在区间 $[6,16]$ 上连续，且有
$$\varphi(6)\varphi(16)=[f(6)-g(6)][f(16)-g(16)]=-L^2<0$$
根据闭区间上连续函数的零点定理可知，一定存在 $\xi\in[6,16]$，使
$$\varphi(\xi)=0$$
也就有
$$f(\xi)=g(\xi)$$

1.5.5 结果分析

（1）问题中的现象发生并不是一个巧合，根据闭区间上连续函数的性质，这样的一个时刻实际上是客观存在的。

（2）闭区间上连续函数的性质可用于解释生活中的自然现象，体现了数学与生活的紧密联系。

（3）函数是反映变量之间关系的有力工具，掌握函数及其基本性质，对生活和学习都将有帮助。

1.5.6 涉及知识点

闭区间上连续函数的性质　若函数 $f(x)$ 在闭区间 $[a,b]$ 上连续，则

（1）介值定理。$f(x)$ 在闭区间 $[a,b]$ 上必取得介于它的最大值与最小值之间的一切值。

（2）零点定理。若端点的函数值异号，则在 (a,b) 内至少存在一点 ξ，使得 $f(\xi)=0$。

1.5.7 拓展应用

参考上述问题的解决过程，请尝试就下列问题给出解释。

1. 旅游问题

一个旅游者，某日早上 7 点离开黄山脚下的旅馆，沿着一条上山的路，在当天下午 7 点走到黄山顶上的旅馆。第二天早上 7 点，他从山顶沿原路下山，在当天下午 7 点回到黄山脚下的旅馆。途中他不停地拍摄漂亮的景色，如图 1-10 所示。回家欣赏照片时发现，自己竟然在两天的同一个时刻，经过了同一个地方。

图 1-10　黄山风景图

这会不会是巧合呢？

2. 椅子放稳问题

把椅子往不平的地面上一放，通常只有三只脚着地，放不稳，然而只要稍挪动几次，就可以四脚着地，放稳了。你能用数学语言来说明这一问题吗？

对椅子和地面都要作一些必要的假设：

（1）椅子四条腿一样长，椅脚与地面接触可视为一个点，四脚的连线呈正方形。

（2）地面高度是连续变化的，沿任何方向都不会出现间断（没有像台阶那样的情况），即地面可视为数学上的连续曲面。

（3）对于椅脚的间距和椅脚的长度而言，地面是相对平坦的，使椅子在任何位置至少有三只脚同时着地。

提示：中心问题是数学语言把椅子位置和四只脚着地的关系表示出来。

首先，用变量表示椅子的位置。由于椅脚的连线呈正方形，以中心为对称点，正方形绕中心的旋转正好代表了椅子的位置的改变，于是可以用旋转角度 θ 这一变量来表示椅子的位置。

其次，把椅脚着地用数学符号表示出来。如果用某个变量表示椅脚与地面的竖直距离，那么当这个距离为 0 时，表示椅脚着地了。椅子要挪动位置说明这个距离是位置变量的函数。由于正方形的中心对称性，只要设两个距离函数就行了，记 A、C 两脚与地面距离之和为 $f(\theta)$，B、D 两脚与地面距离之和为 $g(\theta)$，显然 $f(\theta) \geq 0$，$g(\theta) \geq 0$，由假设（2）知 f、g 都是连续函数，再由假设（3）知 $f(\theta)$、$g(\theta)$ 至少有一个为 0。当 $\theta = 0$ 时，不妨设 $g(\theta) = 0$，$f(\theta) > 0$，这样改变椅子的位置使四只脚同时着地。

3. 关于连续函数介值定理的故事——李尚志博客：生活中的数学

到峨眉山旅游，最重要的莫过于到舍身崖看佛光。1984 年 8 月，我第一次上峨眉山，到达山顶时将近中午，安顿好住处就直奔舍身崖，希望能等着看佛光。天上艳阳高照，舍身崖下面是万丈深渊，山腰白云缭绕。如果云的高度合适，太阳以合适的角度照到云上，就会产生彩色光环，自己的人影还会投到光环中间，这就是佛光。那时舍身崖还没有什么游客，只有一名摄影师在那里等生意。我问摄影师："今天能看到佛光吗？"摄影师答："不能。已经有一个星期没有出现佛光了。"他还进一步解释道："你看，山腰的云层太矮。所以今天不会有佛光。云如果太高，也不会有佛光。云的高度不高不矮正合适，才会有佛光。要想不高不矮正合适，这样的机会很难碰上。所以只有运气最好的人才能看到佛光。"我观察了一会儿，发现山腰的云层在一阵一阵往上涌。就问摄影师："你看，开始的时候云层太矮。但是云层在往上涌，越涌越高。会不会涌到后来又太高了呢？在太矮和太高之间总有一个时候的高度恰到好处吧，那个时候不是就应当出现佛光了吗？"摄影师没想到我发此怪问，无话可答。他当然不知道，我在问这个问题的时候心里想的是高等数学中的连续函数介值定理：一个连续函数如果在某一点的值小于零，另一点的值大于零，从小于零到大于零过渡的过程中必然有一点的值等于零。我虽然靠这个定理把摄影师说得哑口无言，但心里也知道这个定理未必能让佛光出现，在悬崖边看了一会儿便打道回府，回住处去休息。还没有走到住处，就听见舍身崖那边传来人群的叫喊声："快来看佛光呀!"转身一看,舍身崖边已挤满了人。我赶快返回,好不容易挤到崖边。趴在地上将头伸到外边往悬崖下看。山底的云层往上涌,涌到一定高度时就出现了彩色光环——佛光。随着云层继续升高,佛光消失了。再升高,这一堆云便散去不见了。山底又涌起新的一团云,升到一定高度再出现佛光。这个过程循环往复,我们便一次又一次看见佛光,好像是一次又一次观摩连续函数介值定理的教学片。一直观摩了三个多钟头,到下午四点左右才"下课"。

峨眉山云层的涌动是连续的,所以介值定理成立。黄山则不然:你刚才还看到山谷中充满了云雾,一瞬间云雾就消失得无影无踪,简直看不出有中间过程,接近于"阶梯函数",这样的函数可以从大于零直接降到小于零而不必经过零值。

后记:坐飞机看佛光

以上文字在 2002 年写成文章发表在网上。2004 年暑假的一天早上,我坐飞机从南方飞往北京,正好坐在左边靠窗的座位。往窗外一看,飞机离云层不太高,飞机下高低不平的云朵好像一座座山峰在飞机下移动。早晨的阳光从东方照过来,将飞机的影子投射在云层上,缓慢地向北移动。这时,我突然想起峨嵋山的佛光。既然云层离飞机的高度随着飞机的移动不断变化,会不会在某个时刻云层离飞机的高度恰到好处,在云层上出现佛光呢?观察了一会儿,果然在云层上出现了一个不大的彩色光环,将飞机的影子围在中间。后来我与很多人谈起过佛光的事情,至少遇到三个人说他们坐飞机的时候看见过云层上的光环,但是他们都不知道峨嵋山的佛光,因此也不知道飞机上看见的这个现象与峨嵋山的佛光其实是同一回事。

习 题 1

1. 据统计,某城市 1991 年的猪肉产量为 30 万吨,肉价为 6 元/千克。1992 年生产猪肉 25 万吨,肉价为 8 元/千克。已知 1993 年的猪肉生产量为 28 万吨。若维持目前的消费水平与生产模式,并假定猪肉产量与价格之间是线性关系,问若干年以后猪肉的生产量与价格是否会趋于稳定?

2. 某医院 2000 年 5 月 20 日从美国进口一台彩色超声波诊断仪,贷款 20 万美元,以复利计息,年利率为 4%,2009 年 5 月 20 日到期一次还本付息,试确定贷款到期时还款总额。(1) 一年计息 2 期;(2) 按连续复利计算。

3. 一个旅游者,某日早上 7 点离开黄山脚下的旅馆,沿着一条上山的路,在当天下午 7 点走到黄山顶上的旅馆。第二天早上 7 点,他从山顶沿原路下山,在当天下午 7 点回到黄山脚下的旅馆。途中他不停地拍摄漂亮的景色。回家欣赏照片时发现,自己竟然在两天的同一个时刻经过了同一个地方。这会不会是巧合呢?

4. 据不完全统计,2004 年我国发生多起煤矿瓦斯爆炸安全事故,死亡人数达 6027 人,超过伊拉克战争中美军死亡人数的数倍,瓦斯是酿成煤矿事故的第一"杀手",瓦斯治理是煤矿安全生产的核心任务。瓦斯是一种无色无味的气体,平时靠瓦斯检测仪进行检测,如果矿井安装了瓦斯检测仪,瓦斯浓度一旦超标就能及时报警,矿工们也就会平安升上地面……

那么,瓦斯检测仪为什么能够检测出瓦斯的浓度,并根据检测出的瓦斯浓度发生报警声,它是怎样设计出来的?据了解,矿井中含有瓦斯的空气被吸入盛有瓦斯吸收剂的圆柱形过滤检测以后出来的空气的瓦斯气体浓度会降低,而且,这种检测仪吸收瓦斯的量与矿井空气中瓦斯的百分比浓度及吸收层厚度成正比。

对于一个具有特定厚度的检测仪,若进出的瓦斯浓度较高,则其出口处的瓦斯浓度也会相对较高,假设现有瓦斯含量为8%的空气,通过厚度为10cm的吸收层,其瓦斯的含量为2%,问:

若通过的吸收层厚度为30cm,出口处空气中的瓦斯含量是多少?

若要使出口出空气中瓦斯的含量为1%,其吸收层的厚度应为多少?

第 2 章 导数与微分

2.1 投运物资着陆速度问题

2.1.1 问题提出

一架军用运输机正在向一个受灾地区空投应急救援食品与药物,如图 2-1 所示。如果飞机在一长为 200m 的开阔区域的边上立即投下物资,物资着陆速度会有多大?

图 2-1 飞机飞行图

2.1.2 问题分析

该问题是问题 1.2 "物资空投轨迹问题"的后续问题。问题 1.2 已经给出了物资的运动曲线方程,只需要对所给方程求其在着陆点的导数即可。

2.1.3 数学问题

如图 2-2 所示,军用运输机在点 A 处投放物资,物资的运动轨迹为

$$y = 120 - \frac{x^2}{320}, \quad 0 \leq x \leq 80\sqrt{6} \text{(单位为 m)}$$

点 P 为着陆点,求点 P 处物资着陆的速度的大小。

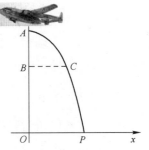

图 2-2 物资的运动轨迹图

2.1.4 问题求解

首先，确定到 P 点的坐标；其次，根据导数的物理意义，某一点处速度的大小等于该点处的导数，求点 P 处的导数即可。

令 $y=0$，代入函数 $y=120-\dfrac{x^2}{320}$ 得 $x=80\sqrt{6}$，由此可知 P 点坐标为 $(80\sqrt{6},0)$。

对 $y=120-\dfrac{x^2}{320}$ 求导可得

$$f'(x)=-\frac{x}{160}$$

当 $x=80\sqrt{6}$ 时，有

$$f'(80\sqrt{6})=-\frac{80\sqrt{6}}{160}=-\frac{\sqrt{6}}{2}$$

即点 P 处物资着陆速度的大小为 $-\dfrac{\sqrt{6}}{2}$ m/s。

2.1.5 结果分析

（1）研究物资着陆的速度，对物资的包装和物资的类型都是非常有用的，而导数恰好能帮助我们轻松解决物资着陆速度的计算问题。

（2）生活中的诸多量都与导数有密切的关系，掌握导数及计算方法，可以轻松解决物体运动速度、切线斜率、线密度、电流强度等的计算问题。

2.1.6 涉及知识点

(1) 函数 $y=f(x)$ 在点 x_0 处的导数。设函数 $y=f(x)$ 在点 x_0 及某个邻域内有定义，当自变量 x 在点 x_0 取得增量 Δx 时，相应地函数 $y=f(x)$ 有改变量

$$\Delta y=f(x_0+\Delta x)-f(x_0)$$

如果当 $\Delta x\to 0$ 时，极限

$$\lim_{\Delta x\to 0}\frac{\Delta y}{\Delta x}=\lim_{\Delta x\to 0}\frac{f(x_0+\Delta x)-f(x_0)}{\Delta x}$$

存在，那么称此极限值为函数 $y=f(x)$ 在点 x_0 处的导数，记为 $f'(x_0)$，$y'|_{x=x_0}$ 或 $\dfrac{\mathrm{d}y}{\mathrm{d}x}\Big|_{x=x_0}$。

(2) 导函数 $f'(x)$。如果函数 $y=f(x)$ 在某一区间内每一点都有导数，那么对于此区间内 x 的每一个确定的值，都对应着一个确定的导数值，这就产生了一个新的函数 $f'(x)$，$f'(x)$ 就称为函数 $y=f(x)$ 的导函数，简称导数。

2.1.7 拓展应用

直升机空投物资时，可以停留在空中不动。设投出的物资离开飞机，由于降落伞的作用在空中能匀速下落，无风时下落速度为 5m/s。若空投时飞机停留在离地面 100m 高处，由于风的作用，降落伞和物资以 5m/s 速度下落的同时还以风速匀速向北运动，若

降落伞轨迹与竖直线夹为37°角，求：

(1) 物资在空中运动的时间；

(2) 物资下落的实际速度大小；

(3) 物资在下落过程中水平方向移动的距离。

解：(1) 两个方向都是匀速直线，那么实际运动也是匀速直线运动，且速度关系为

$$v^2 = v_1^2 + v_2^2$$

其中 v_1 是水平速度，v_2 是竖直速度。

在竖直方向的运动时间就是在空中的运动时间，即

$$t = 100 \div 5 = 20$$

(2) 由夹角37°可知 $\dfrac{v_1}{v_2} = \dfrac{3}{4}$，则

$$v_1 = \dfrac{15}{4}$$

所以

$$v^2 = v_1^2 + v_2^2 = \left(\dfrac{15}{4}\right)^2 + 5^2 = \dfrac{625}{16}$$

$$v = \dfrac{25}{4} (\text{m/s})$$

(3) 水平位移 $= v_1 \times t = \dfrac{15}{4} \times 20 = 75\text{m}$。

2.2 战机的降落曲线问题

2.2.1 问题提出

一架完成任务的战机正在准备返航降落，你知道它的降落曲线有什么特点吗？根据经验，一架水平飞行的飞机，其降落曲线是一条三次抛物线。你能确定这条三次抛物线吗？

2.2.2 问题分析

只需设出三次抛物线的函数 $y = ax^3 + bx^2 + cx + d$，根据三次抛物线在任意处都连续、光滑的特点，确定其中的系数，便可确定战机的降落曲线。

2.2.3 数学问题

如图2-3所示，一架水平飞行的战机，设其降落曲线是一条三次抛物线

$$y = ax^3 + bx^2 + cx + d$$

若飞机在 $x = x_0$、飞行高度 h 处开始下降，飞机的着陆点为原点 O，试确定战机的降落曲线。

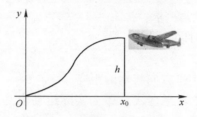

图 2-3 战机降落曲线示意图

2.2.4 问题求解

因降落曲线是一条三次抛物线,已知其在任意处都是连续的、光滑的,考虑降落点和着陆点的连续性与可导性,可得到四个方程,联立解之即可。

由图 2-3,对于三次抛物线

$$y = ax^3 + bx^2 + cx + d$$

根据连续性有

$$y(0) = 0, y(x_0) = h$$

又由于战机的降落曲线是光滑的,即 $y(x)$ 具有连续的一阶导数,所以 $y(x)$ 还应满足

$$y'(0) = 0, \quad y'(x_0) = 0$$

代入三次抛物线得到如下方程组:

$$\begin{cases} y(0) = d = 0 \\ y'(0) = c = 0 \\ y(x_0) = ax_0^3 + bx_0^2 + cx_0 + d = h \\ y'(x_0) = 3ax_0^2 + 2bx_0 + c = 0 \end{cases}$$

解此方程组得

$$a = -\frac{2h}{x_0^3}, \quad b = \frac{3h}{x_0^2}, \quad c = d = 0$$

故战机的降落曲线为

$$y = -\frac{2h}{x_0^3}x^3 + \frac{3h}{x_0^2}x^2$$

还可以利用 Matlab 中的 solve 函数求解上述方程组,并给定一组 (x_0, h) 绘制战机降落曲线示意图(图 2-4)。Matlab 程序如下:

```
%定义符号变量
syms x0 h a b c d
%利用 solve 函数求解方程组
g1 = solve(a * x0^3+b * x0^2+c * x0+d-h = = 0,3 * a * x0^2+2 * b * x0+c = = 0,d = = 0,
c = = 0,a,b,c,d)
%显示求解结果
a=g1.a, b=g1.b, c=g1.c, d=g1.d
% 利用 ezplot 函数绘制图形(取 h=1000;x0=10000)
```

ezplot('(-2000/10000^3)*(x^3)+(3000/10000^2)*(x^2)',[0,10000])
%添加栅格
grid on

运行结果如下：

a =-(2*h)/x0^3
b =(3*h)/x0^2
c =0
d =0

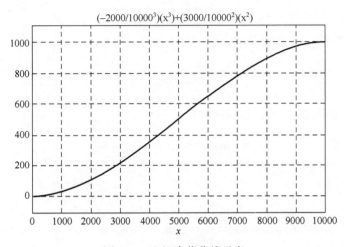

图 2-4　飞机降落曲线示意

2.2.5　结果分析

（1）由结论可知，战机的降落曲线为立方抛物线

$$y=-\frac{2h}{x_0^3}x^3+\frac{3h}{x_0^2}x^2$$

的一个部分。借助函数的连续性和可导性，可以获得有用信息，帮助解决问题。

（2）分析战机的降落曲线对研制战机自动着陆系统有十分重要的意义。

2.2.6　涉及知识点

（1）函数的连续性。设函数 $f(x)$ 在 $U_\delta(x_0)$ 内有定义，如果当自变量的增量 Δx 趋向于零时，对应的函数的增量 Δy 也趋向于零，即

$$\lim_{\Delta x\to 0}\Delta y=0 \text{ 或 } \lim_{\Delta x\to 0}[f(x_0+\Delta x)-f(x_0)]=0$$

那么就称函数 $f(x)$ 在点 x_0 连续，x_0 称为 $f(x)$ 的连续点。

（2）函数 $y=f(x)$ 在点 x_0 处的导数。设函数 $y=f(x)$ 在点 x_0 及某个邻域内有定义，当自变量 x 在点 x_0 取得增量 Δx 时，相应地函数 $y=f(x)$ 有改变量

$$\Delta y=f(x_0+\Delta x)-f(x_0)$$

如果当 $\Delta x\to 0$ 时，极限

$$\lim_{\Delta x \to 0} \frac{\Delta y}{\Delta x} = \lim_{\Delta x \to 0} \frac{f(x_0 + \Delta x) - f(x_0)}{\Delta x}$$

存在,那么称此极限值为函数 $y=f(x)$ 在点 x_0 处的导数,记为 $f'(x_0)$,$y'|_{x=x_0}$ 或 $\frac{dy}{dx}|_{x=x_0}$。

2.2.7 拓展应用

若设在整个降落过程中,飞机的水平速度始终保持为常数 u,出于安全考虑,飞机垂直加速度的最大值不得超过 $\frac{g}{10}$,g 是重力加速度。那么,开始下降点 x_0 所能允许的最小值是多少?

解:由于飞机的垂直速度是 y 关于时间 t 的导数,故有

$$\frac{dy}{dt} = -\frac{h}{x_0^2}\left(\frac{6}{x_0}x^2 - 6x\right)\frac{dx}{dt}$$

其中 $\frac{dx}{dt}$ 是飞机的水平速度。代入条件即得

$$\frac{dy}{dt} = -\frac{6hu}{x_0^2}\left(\frac{x^2}{x_0} - x\right)$$

垂直加速度为

$$\frac{d^2y}{dt^2} = -\frac{6hu}{x_0^2}\left(\frac{2x}{x_0} - 1\right)\frac{dx}{dt} = -\frac{6hu^2}{x_0^2}\left(\frac{2x}{x_0} - 1\right)$$

由 $\max\limits_{0 \le x \le x_0} \left| -\frac{6hu^2}{x_0^2}\left(\frac{2x}{x_0} - 1\right) \right| \le \frac{g}{10}$ 得

$$x_0 \ge u \cdot \sqrt{\frac{60h}{g}}$$

即飞机降落所需的水平距离不得小于 $u \cdot \sqrt{\frac{60h}{g}}$。

例如,当飞机以水平速度 540km/h 在高度 1000m 飞临机场上空时,有

$$x_0 = \frac{540 \times 1000}{3600}\sqrt{\frac{60 \times 1000}{9.8}} \approx 11737 (\text{m})$$

即飞机降落所需的水平距离不得小于 11737m。

2.3 炮筒长度增速问题

2.3.1 问题提出

在火炮射击过程中(图 2-5),炮筒因受热要发生膨胀,射击时间的长短影响着炮筒的温度。假设炮筒的长度取决于温度,而温度又取决于射击时间,需要了解炮筒长度随射击时变化而变化的规律。

图 2-5 火炮射击图

2.3.2 问题分析

将上述问题数学化，由于炮筒长度 L 与温度 H 有关，故可将长度 L 看成是温度 H 的函数；又由于温度 H 与射击时间 t 有关，故可将温度 H 看成是时间 t 的函数。于是，炮筒长度 L 是关于射击时间 t 的复合函数。要知道炮筒长度随射击时间变化增加有多快，也就是要计算炮筒长度 L 随时间 t 的变化率，利用复合函数求导相关知识可以解决问题。

2.3.3 数学问题

设炮筒长度 L 是温度 H 的函数，温度 H 是射击时间 t 的函数，且两函数 $L=L(H)$，$H=H(t)$ 均为可导函数。已知温度每升高 1℃，炮筒长度增加 0.02mm，而每隔 1s，温度上升 50℃，问炮筒长度增加的速度是多少？

2.3.4 问题求解

将函数 $L=L(H)$，$H=H(t)$ 复合在一起得 $L=L[H(t)]$。由于函数 $L=L(H)$，$H=H(t)$ 都是可导函数，因此 L 对 t 也可导。利用复合函数的链式求导法则即可求得 $\dfrac{dL}{dt}$。

由复合函数的链式求导法则有

$$\frac{dL}{dt}=\frac{dL}{dH}\frac{dH}{dt}$$

由已知条件，$\dfrac{dL}{dH}=0.02(\text{mm}/\text{℃})$，$\dfrac{dH}{dt}=50(\text{℃}/\text{s})$，所以

$$\frac{dL}{dt}=0.02\times 50=1(\text{mm}/\text{s})$$

2.3.5 结果分析

（1）在火炮射击中，炮筒因受热发生膨胀，其长度将每秒增加 1mm，这个结果对

火炮的结构影响不大。

（2）掌握炮筒长度随时间变化规律，有助于科学安排火炮射击训练。

2.3.6 涉及知识点

复合函数的链式求导法则 若函数 $y=f(u)$，$u=\varphi(x)$ 可导，则 y 对于 x 也可导，且 $\dfrac{dy}{dx}=\dfrac{dy}{du}\dfrac{du}{dx}$。此法则可推广到多个中间变量的情形。此法则使用的关键在于搞清复合函数结构，由外向内逐层求导。

2.4 炮弹的运动轨迹和速度大小问题

2.4.1 问题提出

在炮弹的发射过程中（图2-6），怎样获取炮弹的运动轨迹？炮弹在飞行过程中能达到多高？能达到多远？速度又是多少？

(a)

(b)

(c)

图2-6 炮弹发射图

2.4.2 问题分析

上述问题的关键是要求出炮弹的运动轨迹方程。设炮弹的初速度为 v_0，发射角为 α，以炮弹发射点为原点，建立如图2-7所示的笛卡儿坐标系，基于此建立弹道曲线上某点坐标与炮弹飞行时间 t 的函数关系，得到炮弹的运动轨迹方程。基于运动方程，利用导数相关知识便可计算速度大小。

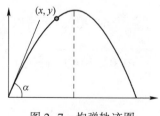

图2-7 炮弹轨迹图

2.4.3 数学问题

已知普通炮弹出膛时的速度为 v_0,发射角为 α,试建立炮弹的运动轨迹方程(不计空气阻力),并求炮弹在时刻 t 的速度和运动方向。

2.4.4 问题求解

先建立炮弹的运动轨迹方程,再利用导数求速度。

(1)将速度分解到水平和铅直两个方向分别考虑。

水平方向:初速度 v_0 的水平分量为 $v_0\cos\alpha$,炮弹在水平方向上作速度为 $v_0\cos\alpha$ 的匀速直线运动。

铅直方向:初速度 v_0 的铅直分量为 $v_0\sin\alpha$,由于受到重力,炮弹在铅直方向上做初速度为 $v_0\sin\alpha$、加速度为 $-g$ 的匀变速直线运动。

基于此,可建立炮弹出膛后运动轨迹的方程为

$$\begin{cases} x = v_0 t\cos\alpha \\ y = v_0 t\sin\alpha - \dfrac{1}{2}gt^2 \end{cases}$$

(2)速度的水平分量为 $\dfrac{dx}{dt}=v_0\cos\alpha$,速度的铅直分量为 $\dfrac{dy}{dt}=v_0\sin\alpha-gt$,则速度的大小为

$$v = \sqrt{\left(\dfrac{dx}{dt}\right)^2 + \left(\dfrac{dy}{dt}\right)^2}$$

即

$$v = \sqrt{v_0^2 - 2v_0 gt\sin\alpha + g^2 t^2}$$

运动方向则是运动轨迹的切线方向,可以通过 y 对 x 的导数来确定:

$$\dfrac{dy}{dx} = \dfrac{v_0\sin\alpha - gt}{v_0\cos\alpha}$$

2.4.5 结果分析

从运动轨迹方程中可以看出,在炮弹发射过程中,炮弹的运动轨迹近似为一条抛物线。最高能达到 $y = \dfrac{1}{2}\dfrac{v_0^2\sin^2\alpha}{g}$,最远能达到 $x = \dfrac{v_0^2\sin\alpha\cos\alpha}{g}$。

2.4.6 涉及知识点

参数方程、函数求导等相关问题 若函数 $\begin{cases} x=\varphi(t) \\ y=\psi(t) \end{cases}$ 表示运动物体在 t 时刻的位置,其中 $\varphi(t)$,$\psi(t)$ 可导,则运动物体在 t 时刻的速度 $v = \sqrt{\left(\dfrac{dx}{dt}\right)^2 + \left(\dfrac{dy}{dt}\right)^2}$。

2.5 基于方位角变化率的无源测距定位问题

2.5.1 问题提出

在以导弹为主战兵器的现代战斗中，快速精确打击目标是决定胜负的关键。利用侦察（无源）引导导弹发射，主要有3个方面的优势：①为导弹隐蔽发射提供一种引导方法；②当对方反辐射武器太强，雷达无法开机时，为导弹发射提供一种引导途径；③当雷达出现故障，无法对导弹实施引导时，为导弹应急发射提供一种引导手段。所以，无源定位在现代战争中的地位越来越高。

一般来说，威胁目标辐射源信号的具体参数以及信号体制等情况是未知的，但可通过导航设备测得某个时刻观测器的运动速度V、被观测目标相对于观测器的方位角β和俯仰角ε，只要能够测得这一时刻的方位角β的变化率$\dot{\beta}$，便可快速并较精确地定位被观测目标的位置。问题是：基于上述条件的快速高精度无源测距定位到底是如何实现的呢？

2.5.2 问题分析

若已知某个时刻观测器的运动速度V、被观测目标相对于观测器的方位角β和俯仰角ε，以及这一时刻的方位角β的变化率$\dfrac{\mathrm{d}\beta}{\mathrm{d}t}$，则可从运动学原理出发，通过分析观测站和目标间的运动关系求解被观测目标的位置。

2.5.3 数学问题

已知通过导航设备测得某个时刻观测器的运动速度V、目标相对于观测器的方位角β和俯仰角ε，以及这一时刻的夹角β的变化率$\dfrac{\mathrm{d}\beta}{\mathrm{d}t}$，问：如何基于已知条件快速高精度确定被观测目标的位置？

2.5.4 问题求解

首先，建立坐标系，将观测器与被观测目标的位置与距离以及被观测目标相对于观测器的方位角、俯角量化表示出来，然后根据观测站与被观测目标的几何关系和运动学原理建立变量与变量间的关系，由此求出观测器与被观测目标的距离，在此基础上可给出被观测目标的位置。

假设在忽略地球曲率的情况下，观测器与被观测目标的三维位置关系如图2-8所示。某时刻观测器P位于飞行器上，位置坐标为(X_P, Y_P, Z_P)，速度为V，在XOY平面上的投影速度为V_P。被观测目标T是地面上的固定目标，位置坐标为(X_T, Y_T, Z_T)。观测器与目标的距离为R，在XOY平面上的投影距离为R_P，目标相对于观测器的方位角和俯仰角分别为β、ε。

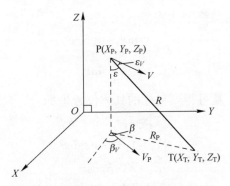

图 2-8 观测站与目标的三维位置示意

下面，确定地面固定目标的坐标位置(X_T, Y_T, Z_T)。

根据观测站与被观测目标两者的几何关系和运动学原理，可得如下的方程组：

$$\begin{cases} R_P = R\sin\varepsilon \\ V_P = V\sin\varepsilon_V \end{cases} \tag{2-1}$$

其中，ε_V 表示速度 V 与 Z 轴的夹角。

$$\begin{cases} X_T - X_P = R_P\cos\beta \\ Y_T - Y_P = R_P\sin\beta \\ Z_P - Z_T = R\cos\varepsilon \end{cases} \tag{2-2}$$

式（2-2）的前两个方程两边同时对 t 求导，可得

$$\begin{cases} -\dfrac{dX_P}{dt} = \dfrac{dR_P}{dt}\cos\beta - \dfrac{d\beta}{dt}R_P\sin\beta \\ -\dfrac{dY_P}{dt} = \dfrac{dR_P}{dt}\sin\beta + \dfrac{d\beta}{dt}R_P\cos\beta \end{cases} \tag{2-3}$$

解方程组得

$$R_P = \dfrac{\dfrac{dX_P}{dt}\sin\beta - \dfrac{dY_P}{dt}\cos\beta}{\dfrac{d\beta}{dt}} \tag{2-4}$$

将式（2-4）代入式（2-1）可得观测站与目标的距离：

$$R = \dfrac{R_P}{\sin\varepsilon} = \dfrac{\dfrac{dX_P}{dt}\sin\beta - \dfrac{dY_P}{dt}\cos\beta}{\dfrac{d\beta}{dt}\sin\varepsilon} \tag{2-5}$$

又由图 2-8 可得到如下关系式：

$$\begin{cases} \dfrac{dX_P}{dt} = V_P\cos\beta_V = V\sin\varepsilon_V\cos\beta_V \\ \dfrac{dY_P}{dt} = V_P\sin\beta_V = V\sin\varepsilon_V\sin\beta_V \end{cases} \tag{2-6}$$

其中，β_V 表示速度在 XOY 面上的投影 V_P 与 X 轴的夹角。将式（2-6）代入式（2-5），

得到观测站与目标距离的最终表达式

$$R = \frac{V\sin\varepsilon_V \sin(\beta-\beta_V)}{\dfrac{\mathrm{d}\beta}{\mathrm{d}t}\sin\varepsilon} \tag{2-7}$$

将距离 R 代入式（2-2）就可得到目标的具体位置坐标：

$$\begin{cases} X_T = X_P + R\sin\varepsilon\cos\beta \\ Y_T = Y_P + R\sin\varepsilon\sin\beta \\ Z_T = Z_P - R\cos\varepsilon \end{cases} \tag{2-8}$$

分析式（2-8）可知，在通过导航设备已经获知某个时刻观测器的运动速度 V 和此时的 β、ε 的情况下，只要还能测得这一时刻的方位角的变化率 $\dfrac{\mathrm{d}\beta}{\mathrm{d}t}$，就可求出此时观测器与目标间的距离 R。

2.5.5 结果分析

已知某个时刻观测器的运动速度 V 和此时的 β、ε，同时只要能够测得这一时刻的 $\dfrac{\mathrm{d}\beta}{\mathrm{d}t}$，就可求出此时观测器与目标间的距离 R，有了距离 R 就可得到被观测目标的具体位置坐标。此方法被称为基于方位角变化率的快速高精度无源测距定位方法，通用性较好、能满足一定的测量精度和较短定位时间要求。

2.5.6 涉及知识点

参数方程求导 若参数方程 $\begin{cases} x = \varphi(t) \\ y = \psi(t) \end{cases}$ 可确定一个 y 与 x 之间的函数关系，$\varphi(t)$，$\psi(t)$ 可导，且 $[\varphi'(t)]^2 + [\psi'(t)]^2 \neq 0$，则

当 $\varphi'(t) \neq 0$ 时，有

$$\frac{\mathrm{d}y}{\mathrm{d}x} = \frac{\mathrm{d}y}{\mathrm{d}t} \cdot \frac{\mathrm{d}t}{\mathrm{d}x} = \frac{\mathrm{d}y}{\mathrm{d}t} \cdot \frac{1}{\dfrac{\mathrm{d}x}{\mathrm{d}t}} = \frac{\psi'(t)}{\varphi'(t)}$$

即 $\dfrac{\mathrm{d}y}{\mathrm{d}x} = \dfrac{\dfrac{\mathrm{d}y}{\mathrm{d}t}}{\dfrac{\mathrm{d}x}{\mathrm{d}t}}$

当 $\psi'(t) \neq 0$ 时，有

$$\frac{\mathrm{d}x}{\mathrm{d}y} = \frac{\mathrm{d}x}{\mathrm{d}t} \cdot \frac{\mathrm{d}t}{\mathrm{d}y} = \frac{\mathrm{d}x}{\mathrm{d}t} \cdot \frac{1}{\dfrac{\mathrm{d}y}{\mathrm{d}t}} = \frac{\varphi'(t)}{\psi'(t)}$$

即 $\dfrac{\mathrm{d}x}{\mathrm{d}y} = \dfrac{\dfrac{\mathrm{d}x}{\mathrm{d}t}}{\dfrac{\mathrm{d}y}{\mathrm{d}t}}$

（此时 x 是 y 的函数）

导数的四则运算法则 如果函数 $u(x)$，$v(x)$ 在某点处可导，则 $u(x)$ 与 $v(x)$ 的和、差、积、商（分母不为零）在该点处也可导，并且有

$$[u(x)\pm v(x)]'=u'(x)\pm v'(x)$$
$$[u(x)\cdot v(x)]'=u'(x)v(x)+u(x)v'(x)$$
$$\left[\frac{u(x)}{v(x)}\right]'=\frac{u'(x)v(x)-u(x)v'(x)}{v^2(x)} \quad (v(x)\neq 0)$$

2.6 油层在海面上的扩散问题

2.6.1 问题提出

油料是战争的血液，油料保障是后勤保障的重中之重！油料保障是军队组织实施油料（燃料油，润滑油、脂，特种液等）供应所采取的措施，是油料勤务的重要内容。

假如一艘军舰在海上发生触礁事故，引起了燃油泄漏，为防止漏油事件对海域造成严重的环境污染，必须采取有效地措施处理漏油危机。通常，从一艘破裂的轮船中渗漏出来的油，在海面上逐渐扩散成油层。油层在海面上是如何扩散的呢？弄清楚这一问题，对制定处理漏油危机的有效措施十分有意义。

2.6.2 问题分析

为简化问题，设在扩散的过程中，油层形状一直是一个厚度均匀的圆柱体，其体积也始终保持不变。随着时间的变化，这个圆柱体的高度、底面圆的半径势必会发生改变，知道了高度和底面圆半径的变化过程，也就知道油层在海面上是如何扩散的了。

2.6.3 数学问题

已知油层底面圆半径为 r，油层厚度为 h，油层形状及体积 $V=\pi r^2 h$ 在扩散过程中始终保持不变。由扩散规律，在自然扩散中，油层的厚度 h 的减少率与 h^3 成正比。那么，油层底面圆半径是如何变化的？

2.6.4 问题求解

在等式 $V=\pi r^2 h$ 两边同时对 t 求导，由于 π 和 V 都是常数，r 和 h 随时间 t 变化，所以有

$$2rh\frac{\mathrm{d}r}{\mathrm{d}t}+r^2\frac{\mathrm{d}h}{\mathrm{d}t}=0$$

由题意，油层的厚度 h 的减少率与 h^3 成正比，即

$$\frac{\mathrm{d}h}{\mathrm{d}t}=-kh^3$$

其中，k 为常数。代入上式，可得

$$\frac{dr}{dt} = -\frac{r}{2h}\frac{dh}{dt} = \frac{krh^2}{2}$$

再将 $h = \dfrac{V}{\pi r^2}$ 代入上式，又可得

$$\frac{dr}{dt} = \frac{kV^2}{2\pi^2}\frac{1}{r^3}$$

这说明半径 r 的增加率和 r^3 成反比。

2.6.5 结果分析

油层底圆半径的变化率与油层的体积的平方成正比，与半径的立方成反比。事物是相互关联的，相关变化率是一个很好的量化关联性的指标。

2.6.6 涉及知识点

相关变化率 一般地，设 $x = x(t)$ 及 $y = y(t)$ 都是可导函数，而变量 x 与 y 间存在某种关系，从而变化率 $\dfrac{dx}{dt}$ 与 $\dfrac{dy}{dt}$ 之间也存在一定关系，这两个相互依赖的变化率称为相关变化率。

解决相关变化率问题的一般步骤：
（1）画出示意图，为各相关变量命名，并标注在示意图中。
（2）用变量符号写出已知的数据，并注意统一量纲。
（3）正确建立各变量之间的关系。
（4）对所建立的关系式关于时间 t 求导数，得到含有导数的关系式。
（5）根据已知条件，计算要求的变化率。

2.6.7 拓展应用

为了解决上述问题，首先对问题进行简化："油面扩散过程中形状和体积保持不变"。如果没有这一前提条件，又该如何考虑呢？请自行思考。

2.7 侦察机上摄影机转动的角速度问题

2.7.1 问题提出

侦察机是专门用于从空中获取情报的军用飞机，是现代战争中的主要侦察工具之一。

侦察机一般不携带武器，主要依靠其高速性能和加装电子对抗装备来提高其生存能力。通常装有航空照相机、前视或侧视雷达和电视、红外线侦察设备，有的还装有实时情报处理设备、传递装置和目前最先进的合成孔径雷达。侦察设备一般装在机舱内或外挂的吊舱内。

深放敌方的飞行变得日益危险，但侦察机仍得到继续发展。有人驾驶侦察机主要执行在敌方防空火力圈之外的电子侦察任务，大部分深入敌方空域的侦察任务由无人驾驶侦察机来执行。

请思考：如图 2-9 所示，无人侦察机航拍某一目标时，摄影机怎么样才能对准目标呢？

图 2-9 侦察机飞行图

2.7.2 问题分析

无人侦察机上的摄影机通过调整摄影角度来实现目标锁定。因此，上述问题可以归结为考查摄像机转动角度变化的问题，也就是转动角速度有多大的问题。

2.7.3 数学问题

一军用侦察机在离地面 2km 的高度，以 200km/h 的速度飞临某地面目标的上空，以便进行航空摄影。试求侦察机至该目标上方时摄影机转动的角速度。

2.7.4 问题求解

建立坐标系，找出摄影机角度与侦察机离目标的水平距离的关系，借助相关变化率知识，求导可得到角速度。

如图 2-10 所示，以地面目标位置为坐标原点 O，侦察机初始位置在 A 点，那么 $BO = 2\text{km}$，飞行 t 小时后，到达 C 点，记摄像机的俯角为 α，则 $\alpha = \angle BCO$。此时，若设侦察机与目标的水平距离为 x km，则有

$$\tan\alpha = \frac{2}{x}$$

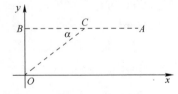

图 2-10 飞机和目标的位置示意

由于 x 与 α 都是时间的函数，因此将等式两边分别对 t 求导，可得

$$\sec^2\alpha \frac{d\alpha}{dt} = -\frac{2}{x^2} \frac{dx}{dt}$$

即

$$\frac{d\alpha}{dt} = -2\frac{\cos^2\alpha}{x^2}\frac{dx}{dt} = -\frac{2}{x^2}\frac{x^2}{x^2+4}\frac{dx}{dt} = -\frac{2}{x^2+4}\frac{dx}{dt}$$

现在，$x=0$km，$\frac{dx}{dt}=-200$km/h（负号表示 x 在减小），故有

$$\frac{d\alpha}{dt} = \frac{-2}{4}(-200) = 100(\text{rad/h})$$

即角速度为 $100(\text{rad/h})$。

2.7.5 结果分析

（1）结果表明：侦察机至该目标上方时，摄像机的角速度为 100rad/h。

（2）根据解决问题得到的俯角 α 与摄像机离目标的水平距离 x 的关系式，可以获得无人机飞行过程中任意时刻的角速度、俯角，进而可以提前规划好摄像机的摄影角度，确保摄像机时刻对准目标。

（3）在考虑实际问题中的某个系统时，常常出现多个变量，且这些变量通常都随时间而变化，当这些变量之间有一定的联系时，相应地，它们关于时间的变化率也满足一定的关系，可归结为相关变化率问题。

2.7.6 涉及知识点

相关变化率 一般地，设 $x=x(t)$ 及 $y=y(t)$ 都是可导函数，而变量 x 与 y 间存在某种关系，从而变化率 $\frac{dx}{dt}$ 与 $\frac{dy}{dt}$ 之间也存在一定关系，这两个相互依赖的变化率称为相关变化率。

复合函数求导法则 设 $u=g(x)$ 在点 x 可导，$y=f(u)$ 在点 $u=g(x)$ 可导，则复合函数 $y=f[g(x)]$ 在点 x 可导，且 $\frac{dy}{dx}=f'(u)g'(x)$。

2.7.7 拓展应用

请根据相关变化率知识，回答如下问题：

1. 一气球从离开观察员 500m 处离地面铅直上升，其速率为 140m/min，当气球高度为 500m 时，观察员视线的仰角增加率是多少？当气球升至 500m 时停住，有一观测者以 100m/min 的速率向气球出发点走来，当距离为 500m 时，仰角的增加率是多少？

2. 有一底半径为 R 厘米，高为 h 厘米的圆锥容器，今以 $25\text{cm}^3/\text{s}$ 自顶部向容器内注水，试求当容器内水位等于锥高的一半时水面上升的速度。

2.8 两舰的位置关系问题

2.8.1 问题提出

现有甲、乙两艘军舰正在航行（图 2-11），甲舰向正南航行，乙舰向正东航行。开

始时,甲舰恰在乙舰正北 40km 处,后来在某一时刻测得甲舰向南航行了 5km,速度为 15km/h;乙舰向东航行了 15km,速度为 45km/h,你知道此时两舰是在分离还是在接近?速度是多少?

(a)

(b)

图 2-11 军舰航行图

2.8.2 问题分析

将问题数学化。根据题意作图(图 2-12),其中 $x=x(t)$ 表示 t 时刻甲舰航行的距离,$y=y(t)$ 表示乙舰航行的距离,$z=z(t)$ 表示 t 时刻两舰的距离。如果能求得某一时刻 z 对于 t 的变化率大小,则某一时刻两舰是分离还是接近就能判断。由于 $z=z(t)$ 与 x,y 有关,x,y 对于 t 的变化率已知,因此这是相关变化率问题。

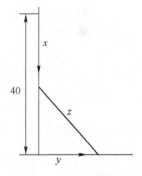

图 2-12 两舰航行图

2.8.3 数学问题

已知甲、乙两艘军舰正在航行,甲舰向正南航行,乙舰向正东航行。初始时刻,甲舰恰在乙舰正北 40km 处,后来在某一时刻测得甲舰向南航行了 5km,速度为 15km/h;乙舰向东航行了 15km,速度为 45km/h。请计算该时刻两舰距离的变化率,并判断两舰是分离还是靠近。

2.8.4 问题求解

先将 x,y,z 的关系表示出来,利用隐函数求导方法得到它们对 t 的变化率的关系式,根据 x,y 对 t 的变化率,计算 z 对 t 的变化率即可。

设 t 时刻甲舰航行的距离为 $x=x(t)$,乙舰航行的距离为 $y=y(t)$,两舰的距离为 $z=z(t)$,则

$$z^2=(40-x)^2+y^2$$

利用隐函数求导方法,在 $z^2=(40-x)^2+y^2$ 中,两端对 t 求导得

$$2z\frac{dz}{dt}=-2(40-x)\frac{dx}{dt}+2y\frac{dy}{dt}$$

当 $x=5$,$y=15$ 时,$z\approx 43$,且已知 $\frac{dx}{dt}=15$,$\frac{dy}{dt}=45$,故

$$\frac{dz}{dt} \approx \frac{-35 \times 15 + 15 \times 45}{43} \approx 3.49 (km/h)$$

由 $\frac{dz}{dt} \approx 3.49 > 0$,判断两舰正在彼此远离。

2.8.5 结果分析

从结论可知,观测时,两舰相距约43km,$\frac{dz}{dt} \approx 3.49 > 0$,这表明两舰正在彼此远离。

实际问题常常是多个变量问题,且这些变量通常都随时间而变化,当这些变量之间有一定的关系时,相应地,它们关于时间的变化率也满足一定的关系,可归结为相关变化率问题。

2.8.6 涉及知识点

(1) 隐函数的求导法则。隐函数 $F(x,y)=0$ 等式两边对自变量求导。

(2) 相关变化率。一般地,设 $x=x(t)$ 及 $y=y(t)$ 都是可导函数,而变量 x 与 y 间存在某种关系,从而变化率 $\frac{dx}{dt}$ 与 $\frac{dy}{dt}$ 之间也存在一定关系,这两个相互依赖的变化率称为相关变化率。

2.8.7 拓展应用

在中午12点,甲舰以6km/h的速率向东行驶,乙舰在甲舰之北16km处以每8km/h的速率向南行驶,问下午1点时两舰相离的速率是多少?

解:设 t 时刻,两舰相距为 s,则

$$s = \sqrt{36t^2 + (16-8t)^2}$$
$$s'(1) = -2.8 < 0$$

表明两舰正在彼此靠近,此时两舰相距10km。

2.9 梯子的安全问题

2.9.1 问题提出

当高楼的住户出现了危机的时候,武警消防官兵常常要架起长梯进行救援。试问架起的长梯会不会因大幅滑动而威胁到救援人员?

2.9.2 问题分析

一般地,梯子的下端受地面的影响而滑动,所以梯子的上端会下滑。至于长梯下滑是否会影响救援人员,可以通过梯子上端下滑的速率大小进行判断。

2.9.3 数学问题

如图 2-13 所示,假设有一个长度为 6m 的梯子贴靠在铅直的墙上,其底部离墙角的距离为 5m,其下端沿地板以 0.2m/s 的速率离开墙脚而滑动。试问初始时刻梯子的上端下滑的速率为多少?

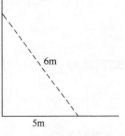

图 2-13 梯子示意图

2.9.4 问题求解

利用复合函数求导法则计算即可。

设时刻 t,梯子顶端距地面 xm,梯子底端距墙 ym,结合图 2-13 易知

$$x = \sqrt{36-y^2}$$

两端同时对 t 求导可得

$$\frac{\mathrm{d}x}{\mathrm{d}t} = \frac{-y}{\sqrt{36-y^2}} \cdot \frac{\mathrm{d}y}{\mathrm{d}t}$$

初始时刻,$y=5$m,$\frac{\mathrm{d}y}{\mathrm{d}t}=0.2$m/s,所以

$$\left.\frac{\mathrm{d}x}{\mathrm{d}t}\right|_{y=5} = \frac{-5}{\sqrt{36-5^2}} \cdot 0.2 = -\frac{1}{\sqrt{11}} \approx -0.3012(\mathrm{m/s})$$

从这个数字可以看出梯子上端下滑的速率较小。

2.9.5 结果分析

从结论可知,梯子长度为 6m,梯子顶端下滑的速率较小,不会威胁救援人员的安全。

2.9.6 涉及知识点

复合函数的求导法则 若函数 $y=f(u)$,$u=\varphi(x)$ 可导,则 y 对于 x 也可导,且 $\frac{\mathrm{d}y}{\mathrm{d}x}=\frac{\mathrm{d}y}{\mathrm{d}u}\frac{\mathrm{d}u}{\mathrm{d}x}$。

相关变化率 一般地,设 $x=x(t)$ 及 $y=y(t)$ 都是可导函数,而变量 x 与 y 间存在某种关系,从而变化率 $\frac{\mathrm{d}x}{\mathrm{d}t}$ 与 $\frac{\mathrm{d}y}{\mathrm{d}t}$ 之间也存在一定关系,这两个相互依赖的变化率称为相关变化率。

2.9.7 拓展应用

如图 2-13 所示,假设有一个长度为 6m 的梯子贴靠在铅直的墙上,其底部离墙角的距离为 5m,其下端沿地板以 0.2m/s 的速率离开墙脚而滑动。请进一步回答:

(1) 由梯子、墙面线、地面线所构成的三角形的面积以怎样的速率变化?

(2) 梯子与地面的夹角以怎样的速率变化?

解：（1）三角形面积

$$s=\frac{xy}{2}=\frac{y\sqrt{36-y^2}}{2}$$

两端同时对 t 的导数可得

$$\frac{ds}{dt}=\left(\frac{\sqrt{36-y^2}}{2}-\frac{y^2}{2\sqrt{36-y^2}}\right)\cdot\frac{dy}{dt}$$

当 $y=5$ 时，有

$$\left.\frac{ds}{dt}\right|_{y=5}=\frac{\sqrt{36-5^2}}{2}-\frac{5^2}{2\sqrt{36-5^2}}\cdot 0.2\approx -0.42(\text{m/s})$$

（2）夹角 $\theta=\arccos\frac{y}{6}$，两端同时对 t 的导数可得

$$\left.\frac{d\theta}{dt}=-\frac{1}{\sqrt{1-\frac{y^2}{36}}}\cdot\frac{1}{6}\cdot\frac{dy}{dt}\right|_{y=5,\frac{dy}{dt}=0.2}\approx -0.11(\text{rad/s})$$

2.10 核弹头大小选择问题

2.10.1 问题提出

战略弹道导弹是一个国家无比重要的武器，亦是大家关注的焦点。相关知识表明，核弹的有效距离与它的爆炸量（系指核裂变或聚变时释放出的能量，通常用相当于多少吨 TNT 炸药的爆炸威力来度量）有关，有效距离随爆炸量的增加而增加。那么，是不是核弹头（图 2-14）的爆炸量越大越好呢？

2.10.2 问题分析

建立核弹爆炸有效距离与爆炸量的函数关系，对函数加以分析：①分析爆炸量的变化能引起有效距离有多大的变化；②利用爆炸量与相对效率（核弹的爆炸量每增加 1 千吨 TNT 当量时有效距离的增加量）的关系，考虑核弹爆炸量增加率对有效距离增加率的影响。以上两方面都能帮助我们判断核弹头的爆炸量是否越大越好。由此，可以提炼以下数学问题。

图 2-14 核弹头

2.10.3 数学问题

已知核弹爆炸的有效距离为 r，爆炸量为 x，二者的函数关系为

$$r=k\sqrt[3]{x}$$

且已知 $x=100$（千吨 TNT 当量）时，有效距离 $r=3.2186$ km。试求：

(1) 爆炸量 $x=1000$（千吨 TNT 当量）时，有效距离为多少？

(2) 爆炸量 $x=100$（千吨 TNT 当量）、$x=1000$（千吨 TNT 当量）时，核弹的爆炸量每增加 1 千吨 TNT 当量时，有效距离的增加量为多少？

2.10.4 问题求解

对于第一问，先确定函数中的常数 k，然后求函数在 $x=1000$ 处的函数值。对于第二问，要计算增量，可利用微分来近似。

(1) 已知 $x=100$（千吨 TNT 当量）时，有效距离 $r=3.2186\text{km}$，则

$$3.2186=k\cdot\sqrt[3]{100}$$

求解得到 $k\approx 0.6934$，故

$$r=0.6934\sqrt[3]{x}$$

当爆炸量增至原来的 10 倍，即 $x=1000\text{TNT}$ 时，有效距离增至

$$r=0.6934\cdot\sqrt[3]{1000}=6.934\text{km}$$

(2) 计算有效距离 r 对爆炸量 x 的微分

$$\mathrm{d}r=\frac{1}{3}\times 0.6934x^{-\frac{2}{3}}\mathrm{d}x=0.2311x^{-\frac{2}{3}}\mathrm{d}x$$

由微分的近似计算可知

$$\Delta r\approx \mathrm{d}r=0.2311x^{-\frac{2}{3}}\cdot\Delta x$$

由此，当 $x=100,\Delta x=1$ 时，有

$$\Delta r|_{x=100,\Delta x=1}\approx \mathrm{d}r|_{x=100,\Delta x=1}=0.2311\times 100^{-\frac{2}{3}}\times 1\approx 0.0107(\text{km})$$

当 $x=1000,\Delta x=1$ 时，有

$$\Delta r|_{x=1000,\Delta x=1}\approx \mathrm{d}r|_{x=1000,\Delta x=1}=0.2311\times 1000^{-\frac{2}{3}}\times 1\approx 0.0023(\text{km})$$

2.10.5 结果分析

(1) 爆炸量 $x=1000$ 时，有效距离 $r=6.934\text{km}$，仅为 $x=100$ 时的 2 倍多，说明核弹的作用范围并没有因为爆炸量的大幅度增加而显著增加。

(2) 对 100 千吨级的爆炸量的核弹来说，爆炸量每增加 1 千吨，有效距离差不多增加 $0.0107\text{km}=10.7\text{m}$。对 1000 千吨级的爆炸量的核弹来说，爆炸量每增加 1 千吨，有效距离差不多增加 $0.0023\text{km}=2.3\text{m}$，相对效率下降。

(3) 由 (1)、(2) 不难看出，为了充分利用导弹的有效载荷，更为了充分利用铀资源，减少对耗资巨大生产出来的核弹头当量的浪费，当量并不是越大越好。

2.10.6 涉及知识点

微分 设函数 $y=f(x)$ 在某区间内有定义，x_0 及 $x_0+\Delta x$ 在这区间内，如果

$$\Delta y=f(x_0+\Delta x)-f(x_0)=A\cdot\Delta x+o(\Delta x)\quad f(x_0+\Delta x)\approx f(x_0)+f'(x_0)(x-x_0)$$

成立（其中 A 是与 Δx 无关的常数），则称函数 $y=f(x)$ 在点 x_0 处可微，并且称 $A\cdot\Delta x$ 为函数 $y=f(x)$ 在点 x_0 处的微分，记作 $\mathrm{d}y|_{x=x_0}$ 或 $\mathrm{d}f(x_0)$。

微分的简单应用

（1）求函数增量的近似值：$\Delta y = f(x_0+\Delta x) - f(x_0) \approx f'(x_0)\Delta x$。

（2）求函数值的近似值：由 $f(x_0)$，$f'(x_0)$ 近似地求出 $f(x_0+\Delta x)$ 的近似值
$$f(x_0+\Delta x) \approx f(x_0) + f'(x_0)(x-x_0)$$

2.10.7 拓展应用

除了制造、运载、投放等技术因素外，无论从作用范围，还是从相对效率来说，都不宜制造当量级太大的核弹头。事实上，1945年美国投放在日本广岛、长崎的原子弹，其爆炸量为20千吨，有效距离为1.87km。根据上述讨论，你有什么感想？

2.11 隐身飞机涂层厚度问题

2.11.1 问题提出

现代的"隐身飞机"（图2-15）之所以能够避开雷达的探测，其原因在于它的表面制成特殊形状，这种形状能够减弱电磁波的反射，同时隐身飞机的表面有一层特殊材料，这种材料能够增强对电磁波的吸收作用，使得雷达接收到反射回来的电磁波发生变化，即导致雷达无法根据反射回来的电磁波判断前方物体。

图2-15 隐身飞机

隐身涂层对隐身飞机而言非常重要，涂层应该涂多厚需要科学计算、慎重考虑，因为涂层厚度的微小改变可能引起涂层吸收的电磁波能量变化，导致隐身飞机的性能发生变化。

如果现已知一种隐身飞机涂层厚度，并知道涂层厚度与涂层吸收的电磁波能量的函数关系，你能测算出涂层厚度发生一定变化时电磁波能量的改变量吗？

2.11.2 问题分析

已知涂层厚度与涂层吸收的电磁波能量的函数关系和当前涂层厚度，要获得涂层厚度发生一定变化时电磁波能量的改变量，也就是计算函数增量，可以考虑利用微分进行

近似。

2.11.3 数学问题

已知隐身飞机的某种吸波材料涂层厚度 x 与照到涂层的电磁波能量 y 之间的函数关系为

$$y = e^{-2x}$$

试问：若当前涂层厚度为 2，涂层厚度减小 0.1 时，电磁波能量的改变量为多少？

2.11.4 问题求解

由可知，$y' = -2e^{-2x}$，则有

$$dy = -2e^{-2x}dx, \quad \Delta y \approx dy = -2e^{-2x}\Delta x$$

已知 $x = 2, dx = -0.1$，所以

$$\Delta y \Big|_{\substack{x=2\\\Delta x=-0.1}} \approx dy \Big|_{\substack{x=2\\\Delta x=-0.1}} = -2e^{-2x}\Delta x \Big|_{\substack{x=2\\\Delta x=-0.1}} = -2e^{-4} \cdot (-0.1) \approx 0.0037$$

2.11.5 结果分析

由结果可知，当涂层厚度减少 0.1 时，电磁波能量的改变量为 0.0037。

2.11.6 涉及知识点

微分 设函数 $y = f(x)$ 在某区间内有定义，x_0 及 $x_0 + \Delta x$ 在这区间内，如果

$$\Delta y = f(x_0 + \Delta x) - f(x_0) = A \cdot \Delta x + o(\Delta x) \quad f(x_0 + \Delta x) \approx f(x_0) + f'(x_0)x - x_0$$

成立（其中 A 是与 Δx 无关的常数），则称函数 $y = f(x)$ 在点 x_0 处可微，并且称 $A \cdot \Delta x$ 为函数 $y = f(x)$ 在点 x_0 处的微分，记作 $dy|_{x=x_0}$ 或 $df(x_0)$。

微分的简单应用
(1) 求函数增量的近似值：$\Delta y = f(x_0 + \Delta x) - f(x_0) \approx f'(x_0)\Delta x$。
(2) 求函数值的近似值：由 $f(x_0)$，$f'(x_0)$ 近似地求出 $f(x_0 + \Delta x)$ 的近似值

$$f(x_0 + \Delta x) \approx f(x_0) + f'(x_0)(x - x_0)$$

2.12 狙击手瞄准问题

2.12.1 问题提出

有一名狙击手，欲射击前方一处的目标（图 2-16），由于操作失误，把方向转螺多调了 1 挡，使其水平方向的射击角度发生了 1 密位的偏差。此次任务他能完成吗？

2.12.2 问题分析

要回答任务是否能完成这一问题，主要是要搞清楚水平射击角度微小的变化会导致多大的水平偏差。

图 2-16 狙击手瞄准图

2.12.3 数学问题

某狙击手欲射击在其前方 300m 处的目标,由于操作失误,他把方向转螺多调了 1 挡,使其水平方向的射击角度发生了 1 密位的偏差(图 2-17)。在不考虑其它因素的前提下,求狙击手该次射击的水平偏差量,即当水平射击角度 θ 有了增量 $\Delta\theta$ 以后,水平偏差 Δs 大约为多少?

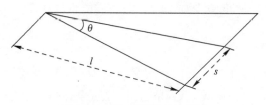

图 2-17 狙击手射击偏差图

2.12.4 问题求解

首先,确定射击角度与水平偏差的函数关系,然后求水平偏差 s 的微分 ds,用 ds 近似 Δs。

根据图 2-17,不难建立水平偏差 s 与射击角度 θ 的函数关系

$$s = l \cdot \tan\theta$$

两边同时微分得到

$$ds = l \cdot \sec^2\theta d\theta$$

则有

$$\Delta s \approx ds = l \cdot \sec^2\theta \cdot \Delta\theta$$

查阅资料可知:俄式的 1 密位 $= \dfrac{2\pi}{6000}$,欧洲和美国的 1 密位 $= \dfrac{2\pi}{6400}$。我们以俄式的 1 密位 $= \dfrac{2\pi}{6000}$ 为准来计算,即 $\Delta\theta = \dfrac{2\pi}{6000}$,由 $l = 300, \theta = 0, \sec^2\theta = 1$,可算得水平偏差量

$$\Delta s \approx 300 \times \dfrac{2\pi}{6000} \approx 0.314\text{m}$$

2.12.5 结果分析

狙击手射击的误差是 0.01mm，因此该结果说明当水平方向的射击角度发生了 1 密位的偏差时，会造成射击的水平偏差量为 30 多厘米（在不考虑其他因素的前提下）。这样将不可能完成任务。这正应了那句：失之毫厘，差之千里。

2.12.6 涉及知识点

函数的微分 设 $y=f(x)$，则 $dy=f'(x)dx$，$\Delta y \approx dy=f'(x)\Delta x$。微分与导数的关系是：可导必可微，可微必可导。微分的运算法则与导数类似。

习 题 2

1. 气球的膨胀问题 通常，吹气球时，每次都吹入差不多大小的一口气，随着气球内空气容量增加，气球半径增加得越来越慢。假设膨胀过程中气球始终保持球形状态，气球体积是如何变化的？

2. 谣言传播问题 已知谣言的传播符合函数关系 $p(t)=\dfrac{1}{1+ae^{-kt}}$，其中：$p(t)$ 是 t 时刻人群中知道此谣言的人数比例，a 和 k 为正数，t 以小时为单位。求：

（1） $\lim\limits_{t\to\infty}p(t)$；

（2） 找出谣言传播的速率；

（3） 若 $a=10$，$k=0.5$，且时间用小时计算，画出函数 $p(t)$ 的图像，并确定需要多长时间人群中有 80% 的人知道此谣言。

3. 圆锥容器注水问题 有一底半径为 R 厘米，高为 h 厘米的圆锥容器，今以 25cm³/s 自顶部向容器内注水，试求当容器内水位等于锥高的一半时水面上升的速度。

4. 地板砖间隙预留问题 在装修房屋铺设地板砖时，工人师傅在地板砖之间都要留下一些缝隙，以避免因温度升高造成的"热胀"影响地板的平整。

如图所示，一块正方形地板砖受温度变化的影响，其边长由 x_0 变为 $x_0+\Delta x$，那么此时地板砖的面积大约会改变多少？

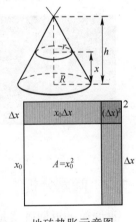

地砖热胀示意图

第3章 微分中值定理与导数的应用

3.1 返回舱着陆过程中发动机点火时机问题

3.1.1 问题提出

载人航天是人类驾驶和乘坐载人航天器在太空从事各种探测、研究、试验、生产和军事应用的往返飞行活动。其目的在于突破地球大气的屏障和克服地球引力,把人类的活动范围从陆地、海洋、和大气层扩展到太空,更广泛、更深入地认识宇宙,开发太空。目前仅有美、中、俄三国拥有自主载人航天能力。

1999年11月20日发射"神舟一号",实现天地间往返。2003年10月15日发射"神舟五号",中国首位航天员进入太空。2005年10月12日发射"神舟六号",实现多人多天飞行任务。2008年9月25日发射"神舟七号",航天员出仓在太空行走。

众所周知,航天是一个非常复杂的系统,载人航天不光要成功飞上去,还要能安全返回来。那么神舟飞船的返回舱是如何返回地球的呢(图3-1)?

图 3-1 返回舱返回地球过程图

3.1.2 问题分析

返回舱的返回确实是一个庞大的系统工程,通过观看发射新闻,我们知道返回舱不仅要与轨道舱分离、经过黑障区考验,还要打开一系列的降落伞减速,最后还要在恰当的时机打开缓冲发动机让返回舱平稳降落。新闻上说返回舱是在离地面1m左右时,缓冲发动机点火工作的。这里我们需要计算缓冲发动机需要持续工作的时间。

3.1.3 数学问题

设返回舱的质量为2500kg,缓冲发动机的最大推力为$7.86×10^4$N,在降落伞牵引下返回舱的速度为8m/s。计算缓冲发动机持续工作的时间。

3.1.4 问题求解

由牛顿第二定理 $F=ma$ 及对返回舱的受力分析（图3-2），列出相关量的方程，利用中值定理求解。

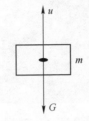

图3-2 受力分析图

因为 $F=ma$，$F=mg-u(t)$，$a=v'(t)$，即 $v'(t)=g-\dfrac{u(t)}{m}$，其中 $v(t)$ 是速度，g 重力加速度，m 是质量。$u(t)$ 是推力，它随着时间的变化而变化，由最优控制理论知 $0\leqslant u(t)\leqslant F_{\max}$，最小的加速度 $v'(t)=g-\dfrac{F_{\max}}{m}$，根据拉格朗日中值定理 $v(t)-v(0)=v'(\xi)(t-0)$，得 $v(t)-v(0)=\left(g-\dfrac{F_{\max}}{m}\right)t$，将 $m=2500\text{kg}$，$F_{\max}=7.86\times10^4\text{N}$，$v(0)=8\text{m/s}$，$v(t)=0$，$g=9.8\text{m/s}^2$ 代入得 $t\approx0.37\text{s}$。

3.1.5 结果分析

返回舱距离地面约 1m 时，发动机点火，以最大推力工作，这时最大推力为 $F_{\max}=7.86\times10^4\text{N}$，持续工作约 0.37s，最后返回舱到达地面的速度为零，安全着陆。

3.1.6 涉及知识点

拉格朗日中值定理 若函数 $y=f(x)$ 满足：
（1）在闭区间 $[a,b]$ 上连续；
（2）在开区间 (a,b) 内可导。

则至少存在一点 $\xi\in(a,b)$，使 $f'(\xi)=\dfrac{f(b)-f(a)}{b-a}$ 或 $f(b)-f(a)=f'(\xi)(b-a)$。

3.1.7 拓展应用

在学习了常微分方程以后，还可以计算发动机开始工作时返回舱与地面的距离。

3.2 雷达测距问题

3.2.1 问题提出

雷达是利用波瓣的俯仰来测定仰角的。如何根据已测定的距离和仰角来快速确定所测目标的高度（图 3-3）？

图 3-3 雷达测距

3.2.2 问题分析

根据已测定的距离和仰角，按照高度等于距离乘以仰角的正弦函数这个基本公式就可以计算所测目标的高度（图 3-4）。

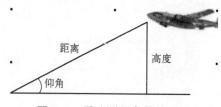

图 3-4 雷达测距参数关系图

3.2.3 数学问题

设仰角为 $x=\dfrac{3\pi}{10}$，雷达测得目标的距离为 $s=20\text{km}$，所测目标的高度设为 h，利用公式 $h=s\sin x$ 和三角函数表可求得所测目标的高度（误差小于 5m）。

如果身边没有三角函数表，能否用其他方法快速求解所测目标的高度。

3.2.4 问题求解

要想快速确定所测目标的高度，利用泰勒公式，将三角函数 $\sin x$ 展开成多项式近似计算。

因为三角函数 $\sin x$ 在 $x=0$ 处的泰勒公式为

$$\sin x = x - \frac{1}{3!}x^3 + \frac{1}{5!}x^5 - \frac{1}{7!}x^7 + \cdots + \frac{(-1)^{n-1}}{(2m-1)!}x^{2m-1} + R_{2m}(x) = p_n(x) + R_n(x)$$

故 $h = s\sin x = sp_n(x) + sR_n(x)$，将仰角 $x=\dfrac{3\pi}{10}$ 和距离 $s=20\text{km}=20000\text{m}$ 代入计算。

当 $n=1$ 时，取高度 $h_1 = sp_1(x) = sx = 18849.5\text{m}$，误差 $|R|\leqslant 2790.6\text{m}$，不符合要求；

当 $n=3$ 时，取高度 $h_3 = sp_3(x) = s\left(x - \dfrac{x^3}{3!}\right) = 16058.9\text{m}$，误差 $|R|\leqslant 1240.2\text{m}$，不符合

要求；

当 $n=5$ 时，取高度 $h_5 = sp_5(x) = s\left(x - \dfrac{x^3}{3!} + \dfrac{x^5}{5!}\right) = 16183.0\mathrm{m}$，误差 $|R| \leqslant 2.6\mathrm{m}$，符合要求。

这样就较快速且不用三角函数表就计算出了所测目标的高度大约为 16183.0m。

下面是 $\sin x$ 在 $x=0$ 处泰勒公式的逼近图形 Matlab 程序：

```
clear all
clc
tn = 12;
tk = ones(tn,1);
bl = -1;
for n = 1:tn
    bl = -bl;
    if n>1
        tk(n) = bl * abs(tk(n-1)) * (2*n-2) * (2*n-1);
    end
end

x = -15:.1:15;
    plot(x,sin(x),'linewidth',2)
    title('sin(x)')
    pause
for n = 1:tn
    x = -15:.1:15;
    plot(x,sin(x),'linewidth',2)
    title('')
    hold on
    ttn = 0;
    if n<3
        ttn = 3;
    elseif n = = 3
        ttn = 4;
    elseif n = = 4
        ttn = 5;
    elseif n = = 5
        ttn = 6;
    elseif n = = 6
        ttn = 6;
    elseif n = = 7
```

```
            ttn = 7;
        elseif n = = 8
            ttn = 8;
        elseif n = = 9
            ttn = 8;
        elseif n = = 10
            ttn = 9;
        elseif n = = 11
            ttn = 10;
        elseif n = = 12
            ttn = 11;
        else
            ttn = 20;
        end
        x = -ttn:.1:ttn;
        y = zeros(size(x));
        for k = 1:n
            y = y+(x.^(2*k-1))/tk(k);
        end
        plot(x,y,'r','linewidth',2)
        legend('sin(x)',['n = ',num2str(2*n-1)])
        hold off
        pause
end
```

3.2.5　结果分析

这是一个用泰勒公式逼近问题,若要提高计算精度,只需增大 n 的取值即可。

3.2.6　涉及知识点

泰勒公式

$$f(x)=f(x_0)+\frac{f'(x_0)}{1!}(x-x_0)+\frac{f''(x_0)}{2!}(x-x_0)^2+\cdots+\frac{f^{(n)}(x_0)}{n!}(x-x_0)^n+$$

$$\frac{f^{(n+1)}(\xi)}{(n+1)!}(x-x_0)^{n+1} \quad (\xi 在 x_0 与 x 之间)$$

麦克劳林公式

$$f(x)=f(0)+f'(0)x+\frac{f''(0)}{2!}x^2+\cdots+\frac{f^{(n)}(0)}{n!}x^n+\frac{f^{(n+1)}(\theta x)}{(n+1)!}x^{n+1} \quad (0<\theta<1)$$

3.3 输油管道铺设的优化设计问题

3.3.1 问题提出

油料是战争的血液,输油管道(图 3-5)的铺设无论是平时还是战时都是一个重要的问题。我国最早的一条油料管道的铺设始于 20 世纪 70 年代初。

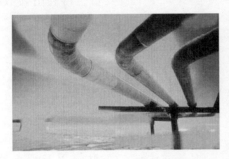

图 3-5 输油管道

现需要将输油管把离岸 12km 的一座海上油井和沿岸往下 20km 处的炼油厂连接起来,怎样安排水下和陆地输油管道才能使铺设成本最低?

假设水下输油管道的铺设成本为 5 千万/km,陆地输油管的铺设成本为 3 千万/km。

3.3.2 问题分析

数学上,我们把效率最高、性能最好、进程最快、成本最低等问题统称为最值问题,即求某个函数在给定区间上的最大值或最小值。

先考查几种特殊情形。

(1) 水下输油管最短。因为水下输油管铺设比较贵,所以尽可能少铺设水下的输油管。如果直接铺设到岸边 12km,再铺设陆地输油管 20km 到炼油厂,则成本为 $C = 5 \times 12 + 3 \times 20 = 120$ 千万。

(2) 油井和炼油厂路程最短。从水下直接铺设输油管到炼油厂,成本为 $C = 5 \times \sqrt{12^2 + 20^2} \approx 116.62$ 千万。

(3) 折中方案。如图 3-6 所示。

先从水下铺设输油管到 10km 处,再从陆地铺设输油管到炼油厂,其成本为 $C = 5 \times \sqrt{12^2 + 10^2} + 3 \times 10 \approx 108.10$ 千万。

初步分析得出的结论:两个极端的方案都没有得到最优解,折中方案似乎比较好一些。

进一步分析问题:折中方案中的 10km 处的那个点是根据经验而取的,有没有另一种选择会更好一些呢?如果有,如何求?

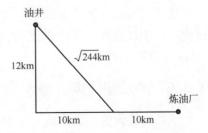

图 3-6 油井与炼油厂位置关系

3.3.3 数学问题

设需铺设水下输油管的长度为 y km，需铺设陆上输油管的长度为 x km，输油管铺设成本为 C 千万，则得到铺设成本 C 与 x,y 的函数关系式：$C=3x+5y$，当 x,y 取何值时，铺设成本 C 取得最小值。

3.3.4 问题求解

先将函数关系式 $C=3x+5y$ 中的两个自变量变成一个自变量，再利用导数找驻点，通过比较得到铺设成本 C 的最小值。

因为 $y=\sqrt{12^2+(20-x)^2}$，所以有

$$C(x)=3x+5\sqrt{12^2+(20-x)^2}, \quad 0\leq x\leq 20$$

$$C'(x)=3+5\cdot\frac{1}{2}\frac{2(20-x)(-1)}{\sqrt{144+(20-x)^2}}=3-\frac{5(20-x)}{\sqrt{144+(20-x)^2}}$$

令 $C'(x)=0$，解得 $x_1=29$ 或 $x_2=11$。

只有 $x_2=11$ km 在定义域里，函数在 $x_2=11$ km 这个唯一的驻点以及端点处的值分别为

$$C(11)=108\text{千万}, \quad C(0)=116.62\text{千万}, \quad C(20)=120\text{千万}$$

通过比较，可以得出把水下输油管铺设到离炼油厂 11km 处就能使铺设成本最小，最小成本为 108 千万。

计算的 Matlab 程序如下：

```
syms x;
f='3*x+5*((20-x).^2+12^2).^(1/2)';
[x1,minf]=fminbnd(f,0,20)
```

运行结果是

x1 = 11

minf = 108

3.3.5 结果分析

通过求解知，把水下输油管铺设到离炼油厂 11km 处就能使铺设成本最小，在建设过程中由于自然环境等诸多因素，不可能做到那么精准。实际上只要选点在离炼油厂 11km 处附近就可以了。

3.3.6 涉及知识点

函数的最大值、最小值 若函数 $f(x)$ 在闭区间 $[a,b]$ 上连续，则 $f(x)$ 在闭区间 $[a,b]$ 上必取得最大值、最小值。具体求法是先求驻点（求函数的导数，然后求导数为零的点，确定驻点），把驻点、不可导点与定义域端点的函数值（如果存在）进行比较，确定最值；再用数学的结论解释原来的问题，并确定所得结论是否有意义。

3.4 抢险救灾道路选点问题

3.4.1 问题提出

解放军担任着保卫祖国和平和人民生命财产安全的职责。2003 年，在青藏铁路施工期间遭遇了一场山洪暴发（图 3-7），围困了多名铁路建设者。灾情就是命令，时间就是生命，附近的驻军指战员迅速赶赴灾区，救出了全部人员。人民子弟兵如何快速到达灾区，解救灾民？这就涉及选择救援路线问题。

图 3-7 洪水爆发

3.4.2 问题分析

在这个问题上，时间是关键问题，要求时间最短。数学上，我们把效率最高、性能最好、进程最快、成本最低等问题统称为最值问题，即求某个函数在给定区间上的最大值或最小值。

画出救援问题的草图，如图 3-8 所示。

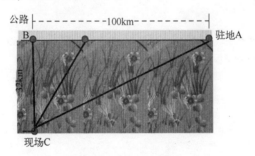

图 3-8 位置关系图

若解放军驻地为 A，山洪暴发现场为 C，C 到公路的垂直距离为 32km，垂足记为 B。则 AB = 100km，假设军车在公路上行驶速度为 80km/h，在草地上行驶速度为 48km/h。

先考虑两种特殊情况。

（1）从 A 经草地到 C。路程最短，因为在草地上行驶，速度较小，所以所需时间会较多。

（2）从 A 经 B 到 C。路程最长。所以所需时间也会较多。

有没有更好的方案？如果有，怎么去求？

3.4.3 数学问题

设军车在公路上行驶的距离为 x km，则在草地上行驶的距离长度为 $\sqrt{32^2+(100-x)^2}$ km，所需时间为 T，则得时间与距离的关系式为

$$T(x)=\frac{x}{80}+\frac{\sqrt{32^2+(100-x)^2}}{48}$$

当 x 取何值时，时间 T 取得最小值？

3.4.4 问题求解

对函数关系式 $T(x)=\frac{x}{80}+\frac{\sqrt{32^2+(100-x)^2}}{48}(0\leqslant x\leqslant 100)$，利用导数找驻点，通过比较得到时间 T 的最小值。

因为

$$T(x)=\frac{x}{80}+\frac{\sqrt{32^2+(100-x)^2}}{48}$$

所以有

$$T'(x)=\frac{1}{80}-\frac{(100-x)}{48\sqrt{32^2+(100-x)^2}}$$

令 $T'(x)=0$，解得区间内的唯一驻点 $x=76$(km)，$T(0)\approx 1.92$(h)，$T(100)\approx 2.19$(h)，$T(76)\approx 1.78$(h)。

计算的 Matlab 程序如下：

```
syms x;
f='((100-x).^2+32^2).^(1/2)*(1/48)+x*(1/80)';
[x1,minf]=fminbnd(f,0,100)
```

3.4.5 结果分析

军车先沿公路行驶 76km，再走草地到现场，所需时间最短，为 1.78h。

3.4.6 涉及知识点

函数的最大值、最小值 若函数 $f(x)$ 在闭区间 $[a,b]$ 上连续，则 $f(x)$ 在闭区间 $[a,b]$ 上必取得最大值、最小值。具体求法是先求驻点（求函数的导数，然后求导数为零的点，把驻点、不可导点与定义域端点的函数值（如果存在）进行比较，确定最值；再用数学的结论解释原来的问题，并确定所得结论是否有意义。

3.4.7 拓展应用

在工程领域中经常会遇到怎样使用材料才能使效率最高、性能最好、进程最快、成

本最低等问题。

3.5 油桶尺寸设计问题

3.5.1 问题提出

军用油库主要是储油罐储存油料，但也有一些油库为了运输方便使用油桶存油（图 3-9），这样当遭遇到自然灾害或战争时，油桶对于油料补给会起到不可或缺的作用。常见的油桶是圆柱体，那么油桶该怎么设计才能使成本最低？

图 3-9 储油桶

油桶是德国人发明的。早在第二次世界大战前，德军最高统帅部就制定了闪击战的战略，但是同时会存在一个问题，由于各攻击部队进攻速度过快，导致后勤补给跟不上，在战斗中成千上万的坦克、装甲车和卡车等需要大量的汽油，德军最高统帅部预见到这个问题，并设计了装汽油的容器——油桶。

3.5.2 问题分析

储油桶是用铁皮做成的，铁皮的用料与储油桶的体积有关，在储油一定的情况下使铁皮用料最少，即成本最低。

3.5.3 数学问题

设工厂需生产容积为 V 的油桶，要求上下底材料的厚度是侧壁的 2 倍，为使成本最低，问工厂如何设计油桶的尺寸？

3.5.4 问题求解

设油桶的底半径为 r，高为 h，则用料部分的成本函数为
$$P = 2\pi rh \cdot 1 + 2\pi r^2 \cdot 2 = 2\pi rh + 4\pi r^2$$

由 $V = \pi r^2 h$，得
$$h = V/\pi r^2, \quad P = 4\pi r^2 + \frac{2V}{r}, \quad r > 0$$

求导得
$$P'(r) = 8\pi r - 2V/r^2, \quad P''(r) = 8\pi + 4V/r^3 > 0$$

令 $P'=0$，得唯一驻点 $r=\sqrt[3]{\dfrac{V}{4\pi}}$，所以 $r=\sqrt[3]{\dfrac{V}{4\pi}}$ 时，P 取得最小值，代入到 $h=V/\pi r^2$ 中，得 $h=4r$，即当油桶直径与高的比为 1∶2 时用料最省。

3.5.5 结果分析

当油桶高是油桶底直径的 2 倍时，用料最省，即成本最低。

国际通用的 200L（53 加仑）大容量油桶一般高约为 930mm，直径约为 580mm，可以多次回收利用。

不仅油桶是这样，许多液体包装也大都如此，如可乐、啤酒的包装（图 3-10）等。

图 3-10 易拉罐

对于单个的油桶或饮料包装，这种最优设计节省的成本可能是有限的，但是当生产产品的数量较大时，节约的成本就很可观了。

3.5.6 涉及知识点

函数的最大值、最小值 若函数 $f(x)$ 在闭区间 $[a,b]$ 上连续，则 $f(x)$ 在闭区间 $[a,b]$ 上必取得最大值、最小值。

求最值的方法：先求驻点（求函数的导数，然后求导数为零的点，确定驻点），把驻点不可导点与定义域端点的函数值（如果存在）进行比较，确定最值，或根据实际意义下结论。再用数学的结论解释原来的问题，并确定所得结论是否有意义。

3.5.7 拓展应用

本例中是固定容量，求表面积最小，即用料最省。也可以改成固定用料，求容积最大。这是一个问题的两个方面。

3.6 破甲弹杆状头螺最佳长度问题

3.6.1 问题提出

105mm 坦克炮破甲弹又称长鼻式破甲弹，在弹丸头部安装了像一个长长的鼻子一样的杆状头螺（图 3-11），它通过螺纹与弹体相连。破甲弹的结构：采用的柱形锥孔装药；在锥孔表面安装了金属药型罩；在弹丸头部安装了一个像长长鼻子的杆状头螺。

图 3-11 杆状头螺

杆状头螺长度直接影响破甲能力，杆状头螺长度为多大时，破甲弹破甲能力最强？

3.6.2 问题分析

炸高就是弹丸爆炸瞬间，药型罩口部到靶板表面的距离，对于一定结构弹丸，有一个最有利的炸高，对应的破甲深度最大。炸高过小，金属射流没有充分拉长，破甲性能不佳，炸高过大可引起射流质量分散，速度下降，破甲威力下降。

杆状头螺长度直接影响炸高，与炸高成正比，因此，问题转化为研究破甲深度随杆状头螺长度变化的情况。

3.6.3 数学问题

105mm坦克炮破甲弹是如何实现破甲的呢？破甲弹的穿孔深度与杆状头螺的长度有关，杆状头螺长度为多少时，破甲弹的破甲深度达到最大？

问题假设：不考虑火炮、装甲金属密度、火炮口径固定等。

查阅资料可知杆状头螺长度与破甲深度的数据关系，见表 3-1。

表 3-1 杆状头螺长度与破甲深度的数据关系

杆状头螺长度/mm	0	50	108	160
破甲深度/mm	42	144.675	257.204	77.52

3.6.4 问题求解

画出破甲弹破甲深度随杆状头螺长度变化曲线图（图 3-12），x 表示头螺长度，$f(x)$ 表示破甲深度。

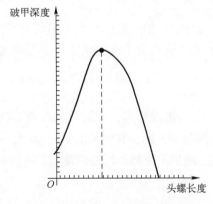

图 3-12 破甲深度与头螺长度关系

观察图形，用一个一元三次函数逼近得到拟合函数

$$f(x) = -0.0003x^3 + 0.04635x^2 + 0.486x + 42$$

问题：求 $f(x)=-0.0003x^3+0.04635x^2+0.486x+42$ 的极大值。

求导数：
$$f'(x)=-0.0009x^2+0.0927x+0.486=-0.0009(x-108)(x+5)$$

找疑点，令 $f'(x)=0$，得 $x_1=108$，$x_2=-5$（舍去）。

列出表格，见表 3-2。

表 3-2　极值分析表

x	$(0,108)$	108	$(108,+\infty)$
$f'(x)$	+	0	−
$f(x)$	↗	极大值	↘

3.6.5　结果分析

头螺长度为 108mm 时，使得破甲弹破甲深度最大，最大深度为 257.204mm。

3.6.6　涉及知识点

函数的最大值、最小值　若函数 $f(x)$ 在闭区间 $[a,b]$ 上连续，则 $f(x)$ 在闭区间 $[a,b]$ 上必取得最大值、最小值。

求最值的方法：先求驻点（求函数的导数，然后求导数为零的点，确定驻点），把驻点不可导点与定义域端点的函数值（如果存在）进行比较，确定最值，或根据实际意义下结论，再用数学的结论解释原来的问题，并确定所得结论是否有意义。

3.7　建造淋浴排水坑费用问题

3.7.1　问题提出

现你们营有一任务，去解决某地区叛乱。若你们将在那里驻扎几个月，作为助理员，你负责建造战士淋浴水坑，请你为上级提供建造淋浴水坑的预算。

3.7.2　问题分析

需要建造的水坑是一个大的正方形洞，它可以储存淋浴流出来的水，以便能够将水抽出。淋浴水坑无盖，且底部是正方形，其边长为 xm，高为 ym。建造的水坑能装淋浴后流出的水，因此必须足够大，能满足高峰淋浴时间流出的水。计算建造淋浴排水坑费用。

3.7.3　数学问题

假设高峰时间为 1h，在这 1h 内，需要使用 20 个淋浴头，假设地面的吸收率忽略不计。建造坑的相关费用不仅含材料费，还包括开采费用，总成本为 $c(x,y)=10(x^2+4xy)+20xy$。请你设计水坑的尺寸以最大限度减少成本。水坑有多大？需要多少费用？

3.7.4 求解问题

设地面吸收水可以忽略不计,所有淋浴头的水最终都会流进坑里,淋浴头连续运行,并且排水速率每个喷头每分钟 $0.0283m^3$,已给的成本函数能精确表示相关成本。

设 x 为水坑底部的长度和宽度(m),y 为水坑的高度(m),$c(x,y)$ 为建造水坑的总成本(元)。

因为水坑的底部是一个正方形,水坑的体积 $v=x^2y$,这个体积能容纳 1h 从淋浴头流出来的所有水,按照 20 个淋浴头,每个淋浴头出水流速为每分钟 $0.0283m^3$,因此,水坑能装的总容量为

$$v=x^2y=20\times 0.0283\times 60=33.96$$

$$y=\frac{33.96}{x^2}$$

在成本函数中替换 y,有

$$c(x,y)=10(x^2+4xy)+20xy=10x^2+60xy$$

$$c(x)=10x^2+60x\frac{33.96}{x^2}=10x^2+\frac{2037.6}{x}$$

对成本函数求导,得

$$\frac{dc(x)}{dx}=20x-\frac{2037.6}{x^2}$$

使导函数为零,解出 $x=4.67m$,这样能求出费用最小值,对于极值点 x,可以得到相应 y 和最后的 $c(x,y)$,即

$$x=4.67m, \quad y=\frac{33.96}{4.67^2}=1.557m$$

$$c(x,y)=10\times 4.67^2+60\times 4.67\times 1.557=654.37 \text{元}$$

3.7.5 结果分析

这个淋浴排水坑底为正方形,边长为 4.67m,高为 1.557m,建造费用为 654.37元,就完全满足淋浴排水需要了。

3.7.6 涉及知识点

函数的最大值、最小值 若函数 $f(x)$ 在闭区间 $[a,b]$ 上连续,则 $f(x)$ 在闭区间 $[a,b]$ 上必取得最大值、最小值。具体求法是先求驻点(求函数的导数,然后求导数为零的点,确定驻点),把驻点、不可导点与定义域端点的函数值(如果存在)进行比较,确定最值,再用数学的结论解释原来的问题,并确定所得结论是否有意义。

3.8 用电调度问题

3.8.1 问题提出

现你们营有一任务,去解决某地区叛乱,若你们将在那里驻扎几个月,除了搭建帐

篷和淋浴坑以外，还涉及用电问题，由于是临时用电，因此电量可能不足，怎样合理安排用电？

3.8.2 问题分析

摸清战士用电规律，建立战士用电消耗函数，了解当地电力部门能给部队的最大电量，通过限电方式调节战士的用电，以最大限度满足战士的用电要求。

3.8.3 数学问题

根据已有的研究发现，在这个环境下，若没有限制电的消耗，用电函数为

$$f(t) = \frac{t^4}{4} - t^3 + t^2 - \frac{1}{6}$$

$f(t)$ 的单位为 kW，（负 $f(t)$ 表示 0kW），其中，t 表示时间，过 6h 才增加 1，即在午夜 $t=0$，在早上 6 点，$t=1$，在中午 12 点，$t=2$，下午 18 点，$t=3$，午夜 24 点，$t=4$。在你的驻地，电力条件有限，当地电力部门平时能提供的最大电量是 2kW。

请你确定一个活动时间为从早上 4 点到晚上 21 点的用电限制方案，如果一定要限电，什么时候开始限电？

3.8.4 求解问题

假设模型 $f(t)$ 准确地反映了营的电的消耗函数，单位为 kW。

对用电函数求导，并使其为零，找到可能的极值点，使用二阶导数，以确定它们是否极值点以及是什么极值。

$$f'(t) = t^3 - 3t^2 + 2t = 0$$

得到解 $t=0, 1, 2$，用二阶导数验证：

$$f''(t) = 3t^2 - 6t + 2$$

$$f''(0) = 2 > 0, \quad f''(1) = -1 < 0, \quad f''(2) = 22 > 0$$

当 $t=1$（早上 6 点）时，有一个极大值，有 $f(1) = 0.083$kW，低于 2kW，验证端点；当 $t=2/3$（早上 4 点）时，$f(2/3) = 0.0309$kW；当 $t=3.5$（晚上 21 点）时，$f(3.5) = 6.72$kW，最大值在晚上 21 点处，超过了 2kW，因此必须加以限制。

为了找到限电时间，观察什么时候超过 2kW 容量。

$$f(t) = \frac{t^4}{4} - t^3 + t^2 - \frac{1}{6} = 2$$

该方程有 4 个根，其中 2 个复根，一个根是负数，还有一个根为 $t=2.985$，即时间是下午 17 点 54 分，这是收音机报道的最热的时间，因此，必须在下午 17 点 54 分至晚上 21 点这段时间对用电量加以限制。

3.8.5 结果分析

当 $t=2.985$ 时，用电量刚好等于 2kW，过了这个时间段，用电量将超过 2kW，在 $t=3.5$（晚上 21 点）时，用电量已超过 2kW，图 3-13 验证了该分析的结论，显示出了

在点和区间内的函数关系。

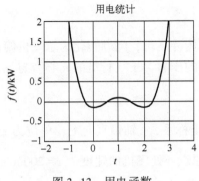

图 3-13　用电函数

以上问题的解决方法是对函数进行求导，从导函数为零的方程中得到相应的根，以便找到最优点，这个过程称为优化。在复杂的情况下，一旦变量之间的关系被确定，就可以再进行优化，以节约很多重要的资源。

3.8.6　涉及知识点

函数的最大值、最小值　若函数 $f(x)$ 在闭区间 $[a,b]$ 上连续，则 $f(x)$ 在闭区间 $[a,b]$ 上必取得最大值、最小值。具体求法是先求驻点（求函数的导数，然后求导数为零的点，确定驻点），把驻点、不可导点的函数值与定义域端点的函数值（如果存在）进行比较，确定最值，再用数学的结论解释原来的问题，并确定所得结论是否有意义。

3.9　飞行员对座椅的压力问题

3.9.1　问题提出

飞机在做表演或向地面某目标实行攻击时，往往会作俯冲拉起的飞行（图 3-14），这时飞行员处于超重状态，即飞行员对座椅的压力大于他所受的重力，这种现象叫过荷。过荷会给飞行员的身体造成一定的损伤，如大脑贫血、四肢沉重等，过荷过大时，会使飞行员暂时失明甚至昏厥。通常飞行员可以通过强化训练来提升自己的抗荷能力，受过专门训练的空军飞行员最多可以承受 9 倍于自己重力的压力。

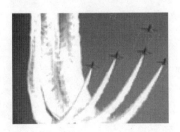 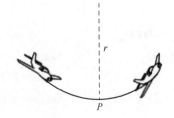

图 3-14　飞机俯冲图

如何计算飞行员对座椅的反作用力?

3.9.2 问题分析

设飞机沿抛物线路径作俯冲飞行,问题转化为求飞机俯冲至最低点处时,座椅对飞行员的压力。飞行员对座椅的压力等于飞行员的离心力与飞行员本身的重力之和。

3.9.3 数学问题

如图 3-15 所示,建立坐标系,y 轴铅直向上,单位为 m。设飞机沿抛物线路径 $y = \dfrac{x^2}{10000}$ 作俯冲飞行,在坐标原点 o 处飞机的速度为 $v = 200 \text{m/s}$,飞行员体重 $G = 70 \text{kg}$,飞行员对座椅的压力等于飞行员的离心力与飞行员本身的重力之和。

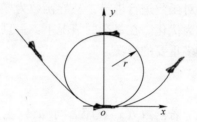

图 3-15 飞机俯冲受力图

3.9.4 问题求解

先求离心力,再求飞行员本身的重力,相加即可。

因为 $y' = \dfrac{2x}{10000} = \dfrac{x}{5000}$,$y'' = \dfrac{1}{5000}$,抛物线在坐标原点的曲率半径为 $\rho = \dfrac{1}{K}\bigg|_{x=0} = \dfrac{(1+y'^2)^{\frac{3}{2}}}{|y''|}\bigg|_{x=0} = 5000$,故离心力为

$$F_1 = \frac{mv^2}{\rho} = \frac{70 \times 200^2}{5000} = 560 \text{ (N)}$$

座椅对飞行员的反力为

$$F = mg + F_1 = 70 \times 9.8 + 560 = 1246 \text{ (N)}$$

计算的 Matlab 程序如下:

```
clear
syms x;
y=(x^2)/10000;
a=diff(y,0)              %ans=1/5000*x
b=diff(y,2,0)            %ans=1/5000
r1=(1+a^2)^(3/2)/b       %ans=5000*(1+1/25000000*x^2)^(3/2)
x=0;
r=5000*(1+1/25000000*x^2)^(3/2)
```

m = 70;
v = 200;
f1 = m * v^2/r
f = f1+m * 9.8   %ans = 1246

3.9.5 结果分析

这个力接近飞行员体重的 2 倍，还是比较大的。从结果中可以看出，若俯冲飞行的抛物线平缓些，飞行员受到的过荷会小一些，若飞机的速度小一些，飞行员受到的过荷也会小一些。

3.9.6 涉及知识点

曲率、曲率半径的计算

曲率计算公式：若函数 $y=f(x)$ 有二阶导数，则曲率 $K=\dfrac{|y''|}{(1+y'^2)^{\frac{3}{2}}}$，曲率描述的是曲线的弯曲程度。

曲率半径计算公式：曲率半径 $\rho=\dfrac{1}{K}=\dfrac{(1+y'^2)^{\frac{3}{2}}}{|y''|}$，是曲率圆的半径。

3.9.7 拓展应用

曲率、曲率半径的计算在铁路修建、桥梁建筑等问题中都有应用。

一辆军车连同载重共 10t，在抛物线拱桥上行驶，速度为 26km/h，桥的跨度为 10m，拱高为 0.25m，求汽车越过桥顶时对桥的压力。

建立直角坐标系如图 3-16 所示。

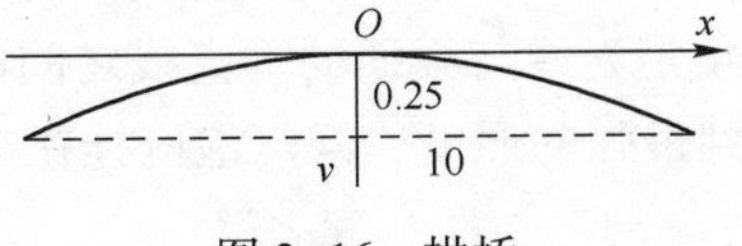

图 3-16 拱桥

解：设抛物线拱桥方程为 $y=ax^2$，则 $y'=2ax, y''=2a$，由于抛物线过点 $(5,0.25)$，代入方程得

$$a=\dfrac{y}{x^2}\bigg|_{(5,0.25)}=\dfrac{0.25}{25}=0.01$$

顶点的曲率半径

$$\rho\big|_{x=0}=\dfrac{1}{K}\bigg|_{x=0}=\dfrac{(1+y'^2)^{\frac{3}{2}}}{|y''|}\bigg|_{x=0}=50$$

军车越过桥顶点时对桥的压力为

$$F=mg-\dfrac{mv^2}{\rho}=10\times10^3\times9.8-\dfrac{10\times10^3\times\left(\dfrac{26\times10^3}{3600}\right)^2}{50}\approx87568 \text{（N）}$$

习 题 3

1. 如图所示,敌方从河的北岸 A 处以 1km/min 的速度向正北逃窜,同时,我方从河的南岸 B 处向正东追击,速度为 2km/min,问我方何时射击最佳?(双方距离最近射击最好)

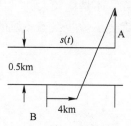

2. 如图所示,某吊车的车身高为 1.5m,吊臂长 15m,现在要把一个 6m 宽、2m 高的屋架水平地吊到 6m 高的柱子上去,问能否吊得上去?

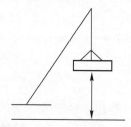

3. 汽车连同载重共 5t,在抛物线拱桥上行驶,速度为 21.6km/h,桥的宽度为 10m,拱的矢高为 0.25m,问汽车能否安全通过?

4. 一个灯泡悬吊在半径为 r 的圆桌的正上方,桌上任一点受到的照度与光线的入射角的余弦值成正比(入射角是光线与桌面的垂直线之间的夹角),与光源的距离平方成反比。欲使桌子的边缘得到最强的照度,问灯泡应挂在桌面上方多高处?

第4章 不定积分

4.1 抛物面卫星天线设计问题

4.1.1 问题提出

2011年4月13日下午18时,由总政配发的数字卫星多媒体接收机,正式在海拔5000多米的红山河机务站调试成功并投入使用,60多个频道的高清电视节目映入官兵眼帘。

南疆军区高原边防官兵长年驻守平均海拔4500m以上的帕米尔、喀喇昆仑和西藏阿里高原,过去由于受地理环境和海拔高度的影响,所属边防一线连队、机务站和兵站等小散远直单位的文化娱乐相对单调,尤其是电视信号不稳定、图像不清晰,一些最新上映的电影常常因传输速率慢,而不能及时下载观看。2010年,总政为丰富边远艰苦地区官兵的精神文化生活,专门配套采购了一批数字卫星多媒体接收机,下发到南疆军区所属部队。2011年3月,他们又为每台接收机配备了两种规格不同的天线,改善了接收性能,有效提高了高原官兵的学习、娱乐质量。

图 4-1 卫星天线

卫星天线通常是一个金属抛物面,见图4-1,其作用是收集由卫星传来的微弱信号,并尽可能去除杂讯。如何确定卫星天线的抛物面,才能使电视信号较好?

4.1.2 问题分析

由于抛物面是由抛物线绕轴旋转而成的,因此知道了抛物线方程,就可以确定抛物面。通信专家研究表明,通常这样的抛物线各点处切线的斜率是该点处横坐标的2倍。写出斜率满足的等式,通过积分可得到抛物线方程,再根据条件确定积分常数。

4.1.3 数学问题

建立坐标系,如图4-2所示。设抛物线经过点$(1,-1)$,且抛物线上的每一点处的切线的斜率是$2x, x \in \mathbf{R}$,求抛物线的方程。

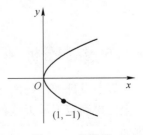

图 4-2 抛物线

4.1.4 问题求解

设所求曲线方程为$y=f(x)$,由题设条件,过曲线上任意

一点(x,y)的切线斜率为

$$\frac{dy}{dx}=2x$$

所以，$f(x)$是$2x$的一个原函数，而

$$\int 2x dx = x^2 + C$$

故

$$f(x)=x^2+C$$

由曲线$y=f(x)$过点$(-1,1)$，得$C=0$，于是所求曲线方程为

$$f(x)=x^2$$

绕y轴旋转所得抛物面方程为$y=x^2+z^2$。

计算的 Matlab 程序如下：

```
clear
syms x f  C                          %声明符号变量
f1 = 2 * x                           %一阶导数表达式
s1 = int(f1,x)                       %不定积分求一个原函数
eq = subs(f-(s1+C),{f,x},{1,-1})     %代入初值
C = solve(eq)                        %求解任意常数
f = s1+C                             %得函数表达式
x = -5:.1:5                          %设置自变量取值范围与步长(0.1)
plot(x,subs(f))                      %画出函数曲线(图4-3)
```

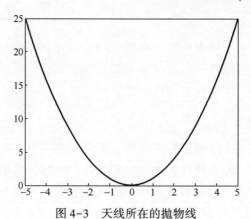

图 4-3　天线所在的抛物线

4.1.5　结果分析

以上设计的抛物面 $x^2+z^2=4Fy$（F 为焦距）状卫星天线接受信号就是最好的，按照以上结果确定卫星天线的抛物面，才能使电视信号较好，官兵就能看到信号比较好的画面。

4.1.6 涉及知识点

不定积分定义：函数 $f(x)$ 的全体原函数叫作 $f(x)$ 的不定积分，记为 $\int f(x)\,dx$，即

$$\int f(x)\,dx = F(x) + C$$

幂函数的积分公式：

$$\int x^\mu \, dx = \frac{x^{\mu+1}}{\mu+1} + C \quad (\mu \neq -1)$$

4.2 战斗机跑道长度设计问题

4.2.1 问题提出

根据机场的等级不同，机场的跑道长度差别很大。最大的 4E 级国际机场的跑道一般都超过 5km，可以起降任何大型飞机，最小的 1A 级机场跑道只有几百米，只能供轻型飞机使用。有些军用机场有特殊需要，跑道可以建得更长，世界上最长的跑道在美国爱德华兹空军基地，跑道长达 20km，它不但可以满足任何飞机的起降、试飞、试验需要，还能作为航天飞机返回地球的降落地点。一架战斗机着陆时至少需要多长的跑道？

4.2.2 问题分析

一架战斗机着陆时会做变速直线运动，从战斗机最初着地到完全停止，会滑行一段距离，战斗机跑道的距离应大于这个距离。

4.2.3 数学问题

设战斗机（图 4-4）着陆后的位置函数为 $s(t)$，着陆后的速度函数为 $v(t) \geq 0$，由经验知着陆的速度函数为 $v(t) = 100 - \frac{4}{15}t^3$，求在战斗机完全停止前所经过的路程。

图 4-4 某型战斗机

4.2.4 问题求解

利用不定积分求解即可。

由于 $v(t) = \dfrac{ds}{dt}$，得

$$\frac{ds}{dt} = 100 - \frac{4}{15}t^3$$

两边取不定积分得

$$s = 100t - \frac{1}{15}t^4 + c$$

由 $t=0$ 时，$s=0$，得 $c=0$，即

$$s = 100t - \frac{1}{15}t^4$$

完全停止时，$v=0$，求得

$$t = \sqrt[3]{375}$$

代入 $s = 100t - \frac{1}{15}t^4$，计算得

$$s = 375\sqrt[3]{3} \approx 541 \text{（m）}$$

计算的 Matlab 程序如下：

```
clear
syms t f   C v t0 s0 n          %声明符号变量
f1 = 100-4/15 * t^3             %一阶导数表达式
s1 = int(f1,t)                  %不定积分求一个原函数
eq = subs(f-(s1+C),{f,t},{0,0}) %代入初值
C = solve(eq)                   %求解任意常数 C
f = s1+C                        %得函数表达式
y = 0                           %设置水平虚线
t = 0:.1:10                     %设置自变量取值范围与步长(0.1)
figure(1)
plot(t, subs(f))                %画出位移函数曲线(图 4-5)
figure(2)
plot(t,subs(diff(f)))           %画出速度函数曲线(图 4-6)
hold   on
plot(t, y)                      %画出一条水平虚线
eq1 = subs(v-diff(f),v,0);
t0 = solve(eq1,t)               %求静止时刻
nt = size(t0)                   %找出根矩阵的维数
n = nt(1)                       %找出根的个数
for k = 1:n
    if isreal(t0(k)) = = 1      %选出其中的实根
        t = t0(k)
        s0 = subs(f)            %求静止时刻位移
    else t = sprintf('虚数根')
    end
end
```

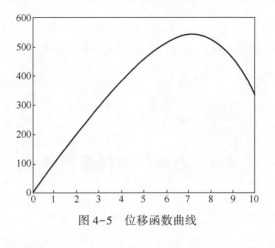

图 4-5　位移函数曲线

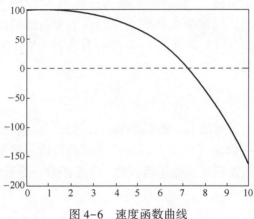

图 4-6　速度函数曲线

4.2.5　结果分析

以上数据是理论值，为保障安全，在条件允许的情况下，机场跑道的长度应大于这个值。当机场跑道长度不足时，常常使用减速伞作为飞机的减速装置。

各国的军用机场是分级的。以我国为例，一般来说特级机场主要供重型轰炸机和大型运输机使用，跑道长度为 3200~4500m；一级机场主要供中型轰炸机和中型运输机使用，跑道长度为 2600~3000m；二级机场主要供歼击机、强击机和轻型轰炸机使用，跑道长度为 2000~2400m；三级机场主要供初级教练机和小型运输机使用，跑道长度为 1200~1600m，或为直径 2000m 左右的土质圆形场地。通常一、二级机场部署歼击航空兵和强击航空兵，纵深机场部署轰炸航空兵和运输航空兵。

4.2.6　涉及知识点

不定积分定义：函数 $f(x)$ 的全体原函数叫做 $f(x)$ 的不定积分，记为 $\int f(x)\,\mathrm{d}x$，即

$$\int f(x)\,\mathrm{d}x = F(x) + C$$

不定积分的性质：

$$\int cf(x)\mathrm{d}x = c\int f(x)\mathrm{d}x, \quad \int [f(x) \pm g(x)]\mathrm{d}x = \int f(x)\mathrm{d}x \pm \int g(x)\mathrm{d}x$$

幂函数的积分公式：

$$\int x^{\mu}\mathrm{d}x = \frac{x^{\mu+1}}{\mu+1} + C \quad (\mu \neq -1)$$

4.3 石油的消耗量问题

4.3.1 问题提出

石油被称为"工业的血液"。经济学家预测，到 21 世纪中叶，石油资源将会开采殆尽，其价格呈上升趋势，能源危机将席卷全球，争夺石油的战争也将不断出现。现在，每年的石油消耗量都在增加，若以 1970 年的石油消耗量开始计算，到 2050 年，石油的消耗总量会是多少呢？

4.3.2 问题分析

近年来，世界范围内每年的石油消耗率呈指数增长，通过查阅统计资料，可以得到石油的消耗率函数。由导数定义可知，石油消耗量函数的一阶导数就是石油消耗率函数，因此石油消耗量函数是石油消耗率函数的一个原函数。通过求解不定积分可以求出石油消耗总量。

4.3.3 数学问题

已知石油消耗率呈指数增长，增长指数大约为 0.07。1970 年初，消耗率大约为 161 亿桶/年。设 $R(t)$ 表示从 1970 年起第 t 年的石油消化率，则 $R(t) = 161\mathrm{e}^{0.07t}$（亿桶）。试估算 1970—2050 年石油消耗的总量。

4.3.4 问题求解

设 $T(t)$ 表示从 1970 年起（$t=0$）直到第 t 年的石油消耗总量，则 $T'(t)$ 就是石油消耗率 $R(t)$，即 $T'(t) = R(t)$，那么 $T(t)$ 就是 $R(t)$ 的一个原函数，求从 1970—2050 年石油消耗的总量，即求 $T(80)$。

对石油消化率 $R(t)$ 进行不定积分，得石油消耗总量为

$$T(t) = \int R(t)\mathrm{d}t = \int 161\mathrm{e}^{0.07t}\mathrm{d}t = \frac{161}{0.07}\mathrm{e}^{0.07t} + C = 2300\mathrm{e}^{0.07t} + C$$

因为

$$T(0) = 0$$

则

$$C = -2300$$

所以

$$T(t)=2300(e^{0.07t}-1)$$

1970—2050 年石油的消耗总量为

$$T(60)=2300(e^{0.07\times80}-1)\approx 619681 \text{（亿桶）}$$

计算的 Matlab 程序如下：

```
clear
syms t f  C                    %声明符号变量
f1 = 161 * exp(0.07 * t)       %一阶导数表达式
s1 = int(f1,t)                 %不定积分求一个原函数
eq = subs(f-(s1+C),{f,t},{0,0})  %代入初值
C = solve(eq)                  %求解任意常数 C
f = s1+C                       %得函数表达式
subs(f,t,80)                   %计算第 80 年的耗油量
t = 0:.1:100                   %设置自变量取值范围与步长(0.1)
plot(t, subs(f))               %画出函数曲线（图 4-7）
```

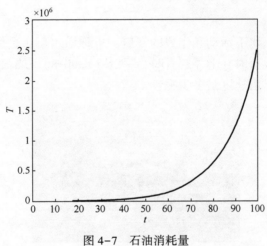

图 4-7　石油消耗量

4.3.5　结果分析

由于石油的消耗与多个因素有关，而每年各国石油消耗数据难以获得，故这个数据只是理论数据。石油的价格也与多个因素有关，不一定一路上涨。2014 年的中期到 2015 年初，石油价格就一路下降，以布伦特原油价格为例，从 2014 年 4 月 28 日的 108.12 美元/桶降到了 2015 年 1 月 30 日的 48.52 美元/桶。

4.3.6　涉及知识点

不定积分定义：函数 $f(x)$ 的全体原函数叫做 $f(x)$ 的**不定积分**，记为 $\int f(x)dx$，即

$$\int f(x)dx = F(x) + C$$

不定积分的性质：

$$\int cf(x)\,dx = c\int f(x)\,dx$$

换元积分法：

$$\int f[\varphi(x)]\varphi'(x)\,dx \xlongequal{\varphi(x)=u} \int f(u)\,du$$

指数函数的积分公式：

$$\int e^x\,dx = e^x + C$$

4.3.7 拓展应用

如果今年专家测定全球石油可开采总量为 566790 亿桶，按照现在的石油消耗增长率，到 2055 年，石油资源是否会开采殆尽？

4.4 潜水艇的下沉速度问题

4.4.1 问题提出

潜艇是一种能潜入水下活动和作战的舰艇，也称潜水艇，是海军的主要舰种之一。根据需要，一艘潜水艇有时会上浮，有时会下沉（图 4-8），当潜水艇从静止开始在水下竖直下沉时，它的下沉速度是多少呢？

图 4-8 水下潜艇

4.4.2 问题分析

已知潜水艇在下沉时，所遇到的阻力和下沉的速度成正比。假设潜水艇由静止开始下沉，那么潜水艇的下沉运动符合牛顿第二定律。利用该定律建立模型，获得速度函数。

4.4.3 数学问题

一艘潜艇在水面上由静止开始垂直下沉，假设下沉的阻力与速度成正比，比例系数为 k。求下沉的速度函数。

4.4.4 问题求解

设潜水艇的质量为 m，下沉的速度为 $v(t)$，且由题意知 $v(0)=0$。根据牛顿第二定律，有 $F=ma$，由于阻力和下沉的速度成正比，比例系数为 k，故 $F=mg-kv$，因为 $a=$

$\dfrac{\mathrm{d}v}{\mathrm{d}t}$，代入方程有

$$mg - kv = m\dfrac{\mathrm{d}v}{\mathrm{d}t}$$

利用不定积分求解速度即可。

对方程 $mg - kv = m\dfrac{\mathrm{d}v}{\mathrm{d}t}$，化简得

$$g - \dfrac{k}{m}v = \dfrac{\mathrm{d}v}{\mathrm{d}t}$$

令 $\dfrac{k}{m} = \omega$，于是有

$$g - \omega v = \dfrac{\mathrm{d}v}{\mathrm{d}t}$$

即

$$\mathrm{d}t = \dfrac{1}{g - \omega v}\mathrm{d}v \quad \text{或} \quad \dfrac{\mathrm{d}t}{\mathrm{d}v} = \dfrac{1}{g - \omega v}$$

积分得

$$t = -\dfrac{1}{\omega}\ln(g - \omega v) + C$$

将 $v(0) = 0$ 代入上式，得

$$C = \dfrac{1}{\omega}\ln g$$

于是

$$t = -\dfrac{1}{\omega}\ln(g - \omega v) + \dfrac{1}{\omega}\ln g$$

整理后得潜水艇的下沉速度函数为

$$v = \dfrac{g}{m}(1 - \mathrm{e}^{-\omega t})$$

其中 $\omega = \dfrac{k}{m}$

计算的 Matlab 程序如下：

```
clear
syms g w v f C t                    %声明符号变量
f1 = 1/(g-w*v)                      %时间关于速度的一阶导数表达式
s1 = int(f1,v)                      %不定积分求一个原函数
eq = subs(f-(s1+C),{f,v},{0,0})     %代入初值
C = solve(eq)                       %求解任意常数 C
f = s1+C                            %得时间函数表达式
v = solve(t-f,v)                    %反解关于时间的速度函数 v
```

4.4.5 结果分析

随着时间的增加，下沉速度将加大，但速度不会超过 $v = \dfrac{g}{m}$，这样潜水艇在水下还是比较安全的。

4.4.6 涉及知识点

不定积分定义：函数 $f(x)$ 的全体原函数叫做 $f(x)$ 的不定积分，记为 $\int f(x)\,\mathrm{d}x$，即

$$\int f(x)\,\mathrm{d}x = F(x) + C$$

不定积分的性质：

$$\int cf(x)\,\mathrm{d}x = c\int f(x)\,\mathrm{d}x$$

换元积分法：

$$\int f[\varphi(x)]\varphi'(x)\,\mathrm{d}x \xlongequal{\varphi(x)=u} \int f(u)\,\mathrm{d}u$$

幂函数的积分公式：

$$\int x^{\mu}\,\mathrm{d}x = \dfrac{1}{\mu+1}x^{\mu+1} + C \quad (\mu \neq -1)$$

4.5 战斗机安全降落跑道的长度问题

4.5.1 问题提出

歼-10战斗机是中国中航工业集团成都飞机工业公司20世纪80年代末开始自主研制的单座单发第四代战斗机。该机型采用大推力涡扇发动机和鸭式气动布局，是中型、多功能、超声速、全天候空中优势战斗机。2004年1月，中国人民解放军空军第44师132团第一批装备歼-10战斗机（图4-9）。

图4-9 歼-10战机起飞

当机场跑道长度不足时，常常使用减速伞作为飞机的减速装置。在飞机接触跑道开始着陆时，由飞机尾部张开减速伞，利用空气对伞的阻力减少飞机的滑跑距离，保障飞机在较短的跑道上安全着陆。那么，当减速伞的阻力系数确定后，如何判断飞机能否安全着陆呢？

4.5.2 问题分析

在歼-10战斗机着陆滑跑（图4-10）过程中，对其进行受力分析，根据牛顿第二定律可以得到数量关系式。对关系式进行分析可以进一步得到战斗机安全着陆的条件。

图4-10 歼-10战机着陆滑跑

4.5.3 数学问题

将阻力系数为 4.5×10^6 kg/h 的减速伞装备在 9t 的战斗机上。现已知机场跑道长 1500m，飞机着陆速度为 700km/h，忽略飞机所受的其他外力，问跑道长度能否保障飞机安全着陆？

4.5.4 问题求解

对于此问题，我们可以先对飞机滑跑的运动状态进行分析，根据牛顿第二定律有 $F=ma$，其中 F 是飞机滑跑时所受到的合力。依题意，飞机在滑跑过程中只受到减速伞所带来的阻力，由物理学知识知 F 可以表示成 $-kv(t)$。m 是飞机的重量，a 是飞机滑跑时的加速度，可以表示成 $\dfrac{\mathrm{d}v}{\mathrm{d}t}$，这样便可建立运动方程。

设飞机质量为 m，着陆速度为 v_0，从飞机接触跑道时开始计时，飞机的滑跑距离为 $x(t)$，飞机的速度为 $v(t)$，减速伞的阻力为 $-kv(t)$，其中 k 为阻力系数。根据牛顿第二定律可得运动方程 $m\dfrac{\mathrm{d}v}{\mathrm{d}t}=-kv(t)$。

① 当 $v(t)\neq 0$ 时，有

$$\frac{\mathrm{d}v}{v}=-\frac{k}{m}\mathrm{d}t$$

两边同时求不定积分，有

$$\int \frac{\mathrm{d}v}{v} = \int -\frac{k}{m}\mathrm{d}t$$

即

$$v(t) = c\mathrm{e}^{-\frac{k}{m}t} \quad (c \neq 0)$$

② 当 $v(t) = 0$ 是特解。

所以，方程的通解为 $v(t) = c\mathrm{e}^{-\frac{k}{m}t}$，$c$ 为任意常数。又因为 $v(0) = v_0$，可求出 $c = v_0$。从而方程的解为

$$v(t) = v_0 \mathrm{e}^{-\frac{k}{m}t}$$

因为 $v(t) = \dfrac{\mathrm{d}x}{\mathrm{d}t}$，所以

$$\frac{\mathrm{d}x}{\mathrm{d}t} = v_0 \mathrm{e}^{-\frac{k}{m}t}$$

故

$$\mathrm{d}x = v_0 \mathrm{e}^{-\frac{k}{m}t}\mathrm{d}t$$

两边同时积分，有

$$x(t) = -\frac{mv_0}{k}\mathrm{e}^{-\frac{k}{m}t} + c$$

因为 $x(0) = 0$，可求出 $c = \dfrac{mv_0}{k}$，从而

$$x(t) = \frac{mv_0}{k}(1 - \mathrm{e}^{-\frac{k}{m}t})$$

因此飞机的滑跑距离 $x(t) \leqslant \dfrac{mv_0}{k}$，代入数据有 $x(t) \leqslant 1400\mathrm{m} < 1500\mathrm{m}$。

所以，飞机能安全着陆。

4.5.5 结果分析

从结果可知

$$\lim_{t \to +\infty} x(t) = \lim_{t \to +\infty} \frac{mv_0}{k}(1 - \mathrm{e}^{-\frac{k}{m}t}) = \frac{mv_0}{k}$$

也就是说，飞机着陆后滑跑的距离与飞机的质量和初速度成正比，与减速伞的阻力系数成反比。要减少滑行的距离，可以考虑减少飞机的质量和初速度，或增大减速伞的阻力系数。

4.5.6 涉及知识点

可分离变量微分方程及其解法：

可分离变量微分方程的标准形为

$$\frac{\mathrm{d}y}{\mathrm{d}x} = f(x)g(y)$$

分离变量得
$$\frac{dy}{g(y)} = f(x)dx$$
两边积分，得
$$\int \frac{1}{g(y)}dy = \int f(x)dx$$
设左右两端原函数分别为 $G(y), F(x)$，则有
$$G(y) = F(x) + C$$
换元积分法：
$$\int f[\varphi(x)]\varphi'(x)dx \xlongequal{\varphi(x)=u} \int f(u)du$$

4.5.7 拓展应用

若飞机除受到减速伞的阻力之外，还受到跑道的恒定摩擦力 f 的影响，试写出相应的微分方程，求出飞机滑跑速度 $v(t)$ 的表达式。你能求出滑跑距离 $x(t)$ 的表达式吗？

习 题 4

1. 某野战部队的侦查员小王和小李，在执行任务的过程中发现了一个地洞。二人想知道这个地洞的近似深度，正在苦于没有测量工具时，小王找来一个石头往洞里一扔，并立马开始计时，在读到第五秒的时候，听到了清晰的扑通声。小王高兴地说，我们算算就能知道洞的深度了。请你思考他是如何计算的？

2. 一个月产 300 桶原油的油井，在 3 年后将要枯竭。预计从现在开始 t 个月后，原油的价格将是每桶 $P(t) = 18 + 0.3\sqrt{t}$ 美元。如果假定油一生产出来就被售出，请问这口油井可得到多少美元的收入？

3. 某军事学院建筑系学员小张正在做一项建筑构件的冷却实验。已知建筑构件开始的温度为 100℃，放在 20℃ 的环境中进行冷却，小张测试出刚开始的 600 秒温度下降到 60℃。请问构件从 100℃ 下降到 25℃ 需要多长时间？

4. 当陨石穿过大气层向地面高速坠落时，陨石表面与空气磨擦所产生的高热使陨石燃烧并不断挥发。实验表明，陨石挥发的速度与陨石的表面积成正比。现有一陨石是质量均匀的球体，且在坠落过程中始终保持球体形状，试求出陨石的质量 m 关于时间 t 的函数关系式（注：球的体积 $\frac{4}{3}\pi r^3$，球的表面 $4\pi r^2$）。

5. 病人受伤伤口表面积如何变化？经研究发现，某一个小伤口表面积修复的速度为 $\frac{dA}{dt} = 5t^{-2}$（t 的单位为天，$1 \leqslant t \leqslant 5$），其中 A 表示伤口的面积（单位：cm^2），假设 $A(1) = 5$。问病人受伤 5 天后，伤口表面积有多大？

第5章 定积分

5.1 海湾泄漏油面积计算问题

5.1.1 问题提出

2010年4月20日夜间，位于墨西哥湾的"深水地平线"钻井平台发生爆炸并引发大火，大约36h后沉入墨西哥湾，11名工作人员死亡。钻井平台底部油井自2010年4月24日起漏油不止（图5-1）。沉没的钻井平台每天漏油达到5000桶，并且海上浮油面积在2010年4月30日统计的9900km²基础上进一步扩张。此次漏油事件造成了巨大的环境和经济损失。同时，也给美国及北极近海油田开发带来巨大变数。受漏油事件影响，美国路易斯安那州、亚拉巴马州、佛罗里达州的部分地区以及密西西比州先后宣布进入紧急状态。5月27号专家调查显示，海底部油井漏油量从每天5000桶上升到每天25000~30000桶，演变成美国历史以来最严重的油污大灾难。美国海岸警卫队出动大量船只和人员进行抢险，为了帮助美国排除原油泄漏造成的污染，十多个国家和国际组织向美国伸出援手。

图5-1 漏油污染情况

由于受到海面风浪的影响，漏油污染的海面不是规则的圆面，此时，该如何计算漏油的污染面积？

5.1.2 问题分析

由于污染海面不是规则的圆面，故不能按照已有公式计算，可以利用定积分求解。根据污染海面，先拟合得到边界函数，利用定积分的几何意义计算污染面积。

5.1.3 数学问题

假设漏油的污染区域如图 5-2 所示，并已知在该坐标系下区域 S_1—S_4 的边界函数分别为

$$y_1 = -\frac{4}{1875}x^4 + \frac{12}{150}x^3 - \frac{23}{30}x^2 + \frac{31}{15}x + 20$$

$$y_2 = \frac{79}{113400}x^4 - \frac{2327}{113400}x^3 - \frac{407}{2100}x^2 - \frac{76}{315}x + 20$$

$$y_3 = \frac{421}{453600}x^4 + \frac{8169}{151200}x^3 + \frac{19307}{75600}x^2 + \frac{5711}{11340}x - 20$$

$$y_4 = \frac{1033}{990080}x^4 - \frac{137691}{2970240}x^3 - \frac{8921}{29120}x^2 - \frac{74256}{233605}x - 20$$

试计算该区域的面积（km^2）。

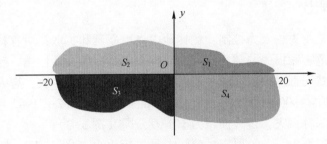

图 5-2 漏油区域示意图

5.1.4 问题求解

利用定积分的几何意义作近似计算：

$$S_1 = \int_0^{20} \left(-\frac{4}{1875}x^4 + \frac{12}{150}x^3 - \frac{23}{30}x^2 + \frac{31}{15}x + 20 \right) dx \approx 603.56 \ (km^2)$$

$$S_2 = \int_{-20}^{0} \left(\frac{79}{113400}x^4 - \frac{2327}{113400}x^3 - \frac{407}{2100}x^2 - \frac{76}{315}x + 20 \right) dx \approx 1198.09 \ (km^2)$$

$$S_3 = -\int_{-20}^{0} \left(\frac{421}{453600}x^4 + \frac{8169}{151200}x^3 + \frac{19307}{75600}x^2 + \frac{5711}{11340}x - 20 \right) dx \approx 1386.81 \ (km^2)$$

$$S_4 = -\int_0^{20} \left(\frac{1033}{990080}x^4 - \frac{137691}{2970240}x^3 - \frac{8921}{29120}x^2 - \frac{74256}{233605}x - 20 \right) dx \approx 2467.01 \ (km^2)$$

5.1.5 结果分析

将以上的面积全部加起来就是整个污染区域面积，整个污染区域面积约为 $5655.47 km^2$。以上的计算都是在已知区域边界函数的基础上进行的，而在实际计算中，这些边界函数往往是未知的，对此，我们可以通过在边界上采点并结合拟合的方法来获得边界函数的近似表达式，再利用定积分几何意义计算区域的面积。

5.1.6 涉及知识点

定积分的几何意义：曲边梯形的面积。

计算曲边梯形的面积时，首先是分割、近似、求和、取极限，然后得到的曲边梯形面积与这样一个定积分的值有关：当曲线在 x 轴上方时，面积等于定积分的值；当曲线在 x 轴下方时，面积等于定积分的值的相反数；当曲线既有大于 0 的部分也有小于 0 的部分时，需要对定积分求代数和。应用定积分解决问题的思路可以归结为：

第一步，化整为零，以常代变，即找微元；

第二步，积零为整，无限累加，即得积分。

5.2 消防武警森林灭火人员数量问题

5.2.1 问题提出

森林火灾，是指失去人为控制，在林地内自由蔓延和扩散，对森林、森林生态系统和人类带来一定危害和损失的林火行为。森林火灾是一种突发性强、破坏性大、处置救助较为困难的自然灾害。中国每年平均发生森林火灾约 1 万多次，烧毁森林几十万至上百万公顷（1 公顷 = 10000m²），约占全国森林面积的 5‰~8‰。1987 年 5 月，黑龙江大兴安岭发生特大森林火灾，过火面积为 101 万公顷（图 5-3）。

一次森林火灾发生了，需要安排消防人员进行灭火（图 5-4），如何根据发生火灾的具体情况安排救火的消防人员数量呢？

图 5-3 森林大火

图 5-4 消防人员灭火

5.2.2 问题分析

受到人力、物力、财力等资源的限制，在一次森林大火救火过程中，消防人员的数量应由森林着火面积和火势蔓延的速度来决定。在假设烧毁面积按圆面不断增加的情况下，可以先根据导数的几何意义确定火势的蔓延速度，再根据定积分的概念和几何意义便能确定烧毁面积，最后通过求极值来确定救火人数。

5.2.3 数学问题

假设一场森林大火在无风、无雨、可燃性物质分布均匀的状况下进行。森林的损失费与森林的烧毁面积成正比，比例常数为 c_1，每个救火队员的一次性运输费为 c_2，每人每天所消耗的费用为 c_3，每个救火队员的灭火速度为 λ。问应该派多少救火队员参与救火？

5.2.4 问题求解

根据总费用最少的原则，列出目标函数，约束条件，确定最优的救火队员人数。

第一步，设开始着火的时间为 0，开始救火的时间为 t_1，火被扑灭的时间为 t_2，救火人数为 x，烧毁的森林损失费为 w_1，救火费用为 w_2。烧毁的森林面积是时间 t 的函数，记为 $S(t)$。所以救火的总费用

$$w = w_1 + w_2$$

第二步，考虑在森林着火的过程中的任意时刻 t，设烧毁面积 $S(t)$ 按圆面不断增加，t 时刻烧毁的圆面半径为 $r(t)$。由于大火在无风、无雨、可燃性物质分布均匀的状况下进行，故圆面的半径应与时间 t 成正比，设比例系数为 α（与可燃物的性质相关），则 $\dfrac{dr}{dt} = \alpha$，所以 $r(t) = \alpha t$，且 $S(t) = \pi r^2(t)$，从而火势蔓延速度

$$\frac{dS}{dt} = 2\pi r(t)\frac{dr}{dt} = 2\pi \alpha^2 t$$

记 $\beta = 2\pi \alpha^2$，则

$$\frac{dS}{dt} = \beta t, \quad t \in [0, t_1]$$

第三步，在 $[t_1, t_2]$ 时间段，由于有 x 人救火，故火势蔓延速度为 $(\beta - \lambda x)t$，要最终扑灭火，应设 $\beta < \lambda x$。$\dfrac{dS}{dt}$ 与时间 t 的关系如图 5-5 所示。

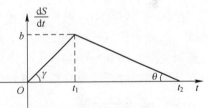

图 5-5 蔓延速度与时间关系

从图上可以看出，$\dfrac{dS}{dt}$ 由原点出发，沿斜率为 β 的直线上升至 t_1 时，取得最大值 b，再由点 t_1 取 b 值出发，沿斜率为 $\beta - \lambda x < 0$ 的直线下降，在点 t_2 与 t 轴相交，其值降为 0，这时火被扑灭。

第四步，由定积分的几何意义，最终森林烧毁的面积为

$$S(t_2) = \int_0^{t_2} \frac{dS}{dt} dt = \frac{1}{2} b t_2$$

其中变量 b 和 t_2 与派出的救火队员人数密切相关。

利用导数的几何意义，有

$$\lambda x - \beta = \tan\theta = \frac{b}{t_2 - t_1}$$

所以
$$t_2 - t_1 = \frac{b}{\lambda x - \beta}$$

即
$$t_2 = \frac{b}{\lambda x - \beta} + t_1$$

又 $\beta = \tan\gamma = \frac{b}{t_1}$，故 $b = \beta t_1$，于是

$$S(t_2) = \frac{1}{2}bt_2 = \frac{1}{2}\beta t_1\left(\frac{\beta t_1}{\lambda x - \beta} + t_1\right) = \frac{\beta t_1^2}{2} + \frac{\beta^2 t_1^2}{2(\lambda x - \beta)}$$

第五步，根据假设得到救火总费用为

$$w(x) = c_1 S(t_2) + (t_2 - t_1)c_3 x + c_2 x$$
$$= \frac{c_1 \beta t_1^2}{2} + \frac{c_1 \beta^2 t_1^2}{2(\lambda x - \beta)} + \frac{c_3 \beta t_1 x}{\lambda x - \beta} + c_2 x$$

第六步，求最佳救火人数的问题就是对上式求极值，即

$$\frac{dw}{dx} = 0$$

解出最佳救火人数

$$x = \sqrt{\frac{c_1 \lambda \beta^2 t_1^2 + 2c_3 \beta^2 t_1}{2c_2 \lambda^2}} + \frac{\beta}{\lambda}$$

其中 t_1 是常量，与发现火情的时间有关。

5.2.5 结果分析

从结果可以看出，最佳的救火人数除了与 c_1、c_2、c_3 有关外，还与每个队员的灭火速度、圆面火势蔓延的半径改变率 α，以及发现火情的时间有关。由于森林火灾的蔓延过程很复杂，还有一些起着重要作用的因素，如风、雨、地形、河流、湖泊及可燃物的分布情况和燃烧理论没有被考虑到，故此模型还有待于进一步改进。

5.2.6 涉及知识点

定积分的几何意义：曲边梯形的面积。

导数的几何意义：函数 $f(x)$ 在点 x_0 处的导数是函数 $f(x)$ 在该点 $(x_0, f(x_0))$ 处切线的斜率。

极值点的必要条件：若函数 $f(x)$ 在 x_0 处可导，且在 x_0 处取得极值，则 $f'(x_0) = 0$。

5.3 武器装备的平均可用度问题

5.3.1 问题提出

对装备质量及综合保障情况的评估是使用阶段的一项重要任务，其中，可用度是最

能反映其运行状态的参数之一。它是表征可靠性、维修性和保障性的综合指标。

装备的可用度定义：基于某种任务（作战）使用环境，在要求的外部资源得到保证（或部分保证）的前提下，子系统在规定的条件和规定的时间区间内协调配合，确保装备处于可执行任务状态的能力。其度量水平为可用度。可以通过使用过程中故障、维修、保障数据评估得出。

目前，对装备可用度主要集中在院校和科研机构，比如：装甲兵工程学院对坦克装备（图5-6）的可用度进行了探索，海军工程大学重点研究了舰船装备（图5-7）的可用度，国防科技大学侧重于网络安全的可用度研究。

图5-6　坦克装备

图5-7　舰艇装备

5.3.2　问题分析

已知装备的瞬时可用度函数，可借助定积分的性质，即定积分中值定理所导出的连续函数的平均值来计算得到装备的平均可用度。

5.3.3　数学问题

某武器装备在时刻 t 的瞬时可用度为 $A(t) = e^{-\frac{t}{2000}}$，求该武器装备在检查周期 T 内的平均可用度。

5.3.4　问题求解

根据定积的性质可知，平均可用度为

$$\bar{A} = \frac{1}{T}\int_0^T A(t)\,\mathrm{d}t = \frac{1}{T}\int_0^T e^{-\frac{t}{2000}}\,\mathrm{d}t = \frac{2000}{T}(1 - e^{-\frac{T}{2000}})$$

5.3.5　结果分析

对于故障率和维修率均为常数的装备，即其寿命和修复时间均服从指数分布的装备，其瞬时可用度可以用马尔可夫理论进行求解。此题便实在已知瞬时可用度函数的基础上，利用定积分性质获得装备的平均可用度。

但是，对于劣化装备由于其失效率睡时间上升，瞬时可用度不能采用解析方法进行求解，需要结合相关理论建立仿真模型来研究。

5.3.6 涉及知识点

定积分中值定理：

若 $f(x) \in C[a,b]$，则至少存在一点 $\xi \in [a,b]$，使 $\int_a^b f(x)\mathrm{d}x = f(\xi)(b-a)$。

可把 $\dfrac{\int_a^b f(x)\mathrm{d}x}{b-a} = f(\xi)$ 理解为 $f(x)$ 在 $[a,b]$ 上的平均值，因

$$\frac{\int_a^b f(x)\mathrm{d}x}{b-a} = \frac{1}{b-a}\lim_{n\to\infty}\sum_{i=1}^n f(\xi_i)\cdot\frac{b-a}{n} = \lim_{n\to\infty}\frac{1}{n}\sum_{i=1}^n f(\xi_i)$$

故它是有限个数的平均值概念的推广。

5.4　通过储油罐油液面高度计算储油量问题

5.4.1　问题提出

军用油库是一个庞大而复杂的系统工程，要协调储、输、收发油全过程。军用油库中包含各种类型的储油罐，按储存介质的不同，可以分为原油罐、中间产品罐、产品罐。其中，原油罐是指储存原油的各类储罐；中间产品罐是指储存蜡油、渣油、加氢裂化原料等各类中间产品的储罐；产品罐是指储存汽油、柴油、煤油、航空用油等各类成品油的储罐。储油罐按结构不同，可以分为固定顶罐、浮顶罐、内浮顶罐。储油罐按其形状不同，可以分为圆柱形、椭圆柱形和球形储油罐。圆柱形和椭圆柱形储油罐按其摆放方式可以分为卧式（图 5-8）和直立式（图 5-9）两种。成品油运输车装载的储油罐多属卧式圆柱形和椭圆柱形。

图 5-8　卧式储油罐

图 5-9　直立式储油罐

一个储油罐到底能装多少油呢？很明显，形状、大小不同，储油量就不同。立式储油罐的储油量计算比较简单（用圆柱体体积可以求得），如果储油罐是卧式椭圆柱形的（图 5-10），怎样通过储油罐油液面的高度计算储油量？

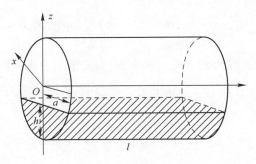

图 5-10 液面位置

5.4.2 问题分析

利用定积分的几何意义,计算截面面积,进而计算椭圆柱形储油罐内装油品的体积,再根据油品密度,换算出储油罐的储油量与油液面高度的关系。

5.4.3 数学问题

现有一椭圆柱形储油罐,其高为 l,两底面是长半轴和短半轴分别为 a 和 b 的椭圆,将储油罐卧式摆放,请研究储油罐中储油量和油液面高度 h 的关系。

5.4.4 问题求解

建立以储油罐左侧面中心为原点 O,平行于储油罐左侧面为 x 轴,垂直于储油罐底部为 y 轴的坐标系,如图 5-11 所示。

当储油罐水平放置时,罐体为椭圆柱体,截面为规则的椭圆形状。假设油面高度为 h,根据公式可以得到储油体积的理论值为

$$V(h) = S(h)l$$

式中:$S(h)$ 为油料覆盖储油罐侧面的面积;l 为罐体的长度。

于是储油量为 $Q = \rho V = \rho S l$,其中 ρ 表示油的密度。

选择如图所示的坐标系,则油罐底面的椭圆方程为

$$\frac{x^2}{a^2} + \frac{y^2}{b^2} = 1$$

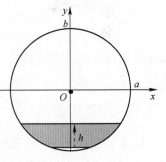

图 5-11 建立坐标系

当 $0 \leq h \leq b$ 时,储油罐内油料的截面面积为

$$S = 2\int_{-b}^{-b+h} a\sqrt{1 - \frac{y^2}{b^2}}\,dy$$

设 $y = b\sin t$,利用换元法,上式可化为积分

$$S = 2\int_{-\frac{\pi}{2}}^{-\arcsin\frac{b-h}{b}} ab\cos^2 t\,dt = ab\int_{-\frac{\pi}{2}}^{-\arcsin\frac{b-h}{b}}(1+\cos 2t)\,dt$$

$$= ab\left[\frac{\pi}{2} - \arcsin\frac{b-h}{b} - \frac{1}{2}\sin\left(2\arcsin\frac{b-h}{b}\right)\right]$$

$$= ab\left[\arccos\frac{b-h}{b} - \frac{(b-h)\sqrt{2hb-h^2}}{b^2}\right]$$

当 $b \leq h \leq 2b$ 时，S 分解为 S_1，S_2，其中 S_1 为 x 轴下方图形中半个椭圆的面积，因此 $S_1 = \frac{1}{2}ab\pi$；S_2 为 x 轴上方，油液面下方图形的面积，则

$$S_2 = 2\int_0^{h-b} a\sqrt{1-\frac{y^2}{b^2}}\,dy = 2\int_0^{\arcsin\frac{h-b}{b}} ab\cos^2 t\,dt$$

$$= ab\left[\arcsin\frac{h-b}{b} + \frac{1}{2}\sin\left(2\arcsin\frac{h-b}{b}\right)\right]$$

$$= ab\left[\arcsin\frac{h-b}{b} + \frac{(h-b)\sqrt{2hb-h^2}}{b^2}\right]$$

于是，有

$$S = S_1 + S_2 = \frac{1}{2}ab\pi + ab\left[\arcsin\frac{h-b}{b} + \frac{(h-b)\sqrt{2hb-h^2}}{b^2}\right]$$

$$= ab\left[\arccos\frac{b-h}{b} - \frac{(b-h)\sqrt{2hb-h^2}}{b^2}\right]$$

综上，得到储油量 Q 与油液面高度 h 的关系为

$$Q = \rho abl\left[\arccos\frac{b-h}{b} - \frac{(b-h)\sqrt{2hb-h^2}}{b^2}\right]$$

5.4.5 结果分析

在实际工作中，油料保管员通常通过查阅油液面高度与储油量对应关系表，结合实际经验估算出储油罐的储油量。不同的储油罐，油液面高度与储油量对应关系不同，如果储油罐类型太多，就要建立更多的油液面高度与储油量对应关系表。

5.4.6 涉及知识点

已知平行截面面积函数的立体体积：设所给立体垂直于 x 轴的截面面积为 $A(x)$，$A(x)$ 在 $[a,b]$ 上连续，则对应小区间 $[x, x+dx]$ 的体积元素为 $dV = A(x)dx$，因此所求立体体积为 $V = \int_a^b A(x)dx$。

定积分的换元积分法：设函数 $f(x) \in C[a,b]$，单值函数 $x = \varphi(t)$ 满足：

(1) $\varphi(t) \in C^1[\alpha,\beta]$，$\varphi(\alpha) = a, \varphi(\beta) = b$；

(2) 在 $[\alpha,\beta]$ 上 $a \leq \varphi(t) \leq b$。

则 $\int_a^b f(x)dx = \int_\alpha^\beta f[\varphi(t)]\varphi'(t)dt$。

该换元公式也可反过来使用，即

$$\int_\alpha^\beta f[\varphi(t)]\varphi'(t)dt = \int_a^b f(x)dx \quad (\text{令 } x = \varphi(t))$$

或者配元

$$\int_\alpha^\beta f[\varphi(t)]\varphi'(t)\mathrm{d}t = \int_\alpha^\beta f[\varphi(t)]\mathrm{d}\varphi(t)$$

5.5 火箭飞出地球的速度问题

5.5.1 问题提出

2013 年 12 月 2 日,"嫦娥三号"(图 5-12、图 5-13)的成功发射体现了中国强大的综合国力,是中国发展软实力的又一象征。我们期盼着有朝一日能坐上宇宙飞船去邀游太空,这是多么令人兴奋的事!为此,需要考虑的一个基本问题是,飞船要用多大的初速度才能摆脱地球的引力?

图 5-12 火箭升空

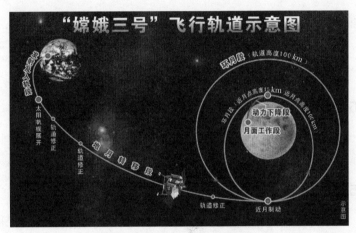

图 5-13 "嫦娥三号"飞行轨迹

5.5.2 问题分析

火箭在上升过程中,当助推器停止工作时,主要是在克服地球引力作功。如果能把火箭摆脱地球引力所需要的总功 W 求出来,而这一总功是由火箭所获得的动能转化而得,这样便可进一步求出所需要的初速度 V_0。

5.5.3 数学问题

地球的半径是 6378km,其表面的重力加速度是 $9.8\mathrm{m/s}^2$,在地球上发射一枚火箭,当火箭助推器停止工作时,火箭要用多大的初速度才能摆脱地球的引力?

5.5.4 问题求解

利用定积分的概念,并结合物理学知识计算出火箭摆脱地球引力所作的功,然后利用动能公式求出所需的初速度。

设地球的半径为 R,质量为 M,火箭的质量为 m,根据万有引力定律,当火箭离开地球表面距离为 x 时,它所受地球的引力为 $f = \dfrac{kMm}{(R+x)^2}$。

当 $x=0$ 时，$f=mg$，故 $f=\dfrac{R^2 gm}{(R+x)^2}$。

由于引力 f 随着火箭上升高度 x 的变化而变化，因此，如果假设火箭上升高度为 h，那么在整个高度 h 上火箭所需要的总功就不能直接由公式 fh 求得。但是，可以按定积分的定义计算总功 W。

当火箭再上升 Δx 时，需要作功 $\Delta W \approx f \cdot \Delta x = \dfrac{R^2 gm}{(R+x)^2} \Delta x$。

所以当火箭自地球表面 $x=0$ 达到高度 h 时，所要做的功总共为

$$W = \int_0^h \frac{R^2 gm}{(R+x)^2} dx = R^2 gm \left(\frac{1}{R} - \frac{1}{R+h} \right)$$

火箭要摆脱地球的引力，意味着 $h \to \infty$，此时，$W \to Rgm$，所以初速度 v_0 必须使动能 $\dfrac{1}{2}mv_0^2 \geqslant Rgm$，得 $v_0 \geqslant \sqrt{2Rg}$，代入数据 $g=0.0098\text{km/s}^2$，$R=6378\text{km}$，得

$$v_0 \geqslant \sqrt{2 \times 0.0098 \times 6378} \approx 11.2 \text{km/s}$$

这就是第二宇宙速度。

5.5.5 结果分析

上升的高度趋向于无穷时，火箭所作的功就与地球的半径、地球的重力加速度和火箭本身的质量有关，因此初速度只要满足上述关系就能使火箭飞出地球。

5.5.6 涉及知识点

定积分解决问题的思路：大化小、常代变、近似和、求极限。

引力公式：质量为 m_1、m_2 的物体相距为 r，当引力系数为 k 时，它们之间的引力 $f = \dfrac{km_1 m_2}{r^2}$。

微积分基本公式：设 $f(x)$ 在 $[a,b]$ 连续，$F(x)$ 是 $f(x)$ 的任意一个原函数，则有 $\int_a^b f(x) dx = F(b) - F(a) = F(x) \big|_a^b$。

5.5.7 问题拓展

火星的直径是 6860km，其表面的重力加速度是 3.92m/s^2。有人说：如果人类有一天能在火星上居住，那么从火星上乘宇宙飞船去太空邀游要比地球上容易。请说明此人的观点是否正确。

习 题 5

1. 某军用飞机制造公司在生产了一批超声速运输机后停产了，但该公司承诺将终身供应适用于该机型的特殊润滑油。一年后该批飞机的用油率（单位：L/年）为 $r(t) = 300/t^{\frac{3}{2}}$，其中 t 表示飞机服役的年数，该公司要一次性生产该批飞机一年后所需的润滑

油，请问需要生产此润滑油多少升？

2. 某部队驻地有一块鱼塘，按计划要组织捕鱼任务，捕鱼的成本要先做预算。通常，鱼越少捕鱼越困难，捕捞的成本也就越高，一般可以假设每千克鱼的捕捞成本与当时鱼塘中的鱼量成反比。

假设当鱼塘中有 x 千克鱼时，每千克的捕捞成本为 $\dfrac{2000}{10+x}$ 元，已知鱼塘中现有鱼 10000kg，问从鱼塘中捕捞 6000kg 鱼需多少成本？

3. 某军用服装生产厂由于仓库陈旧，计划改造升级。需要借用其他工厂的仓库进行物资存储，工厂每天需要支付使用仓库的租金、保险金、保障金等，它们都与商品的库存量有关。如果，仓库每 30 天会生产 1200 箱服装，随后，每天以一定的比例运送给部队用以补充。已知到货后的 x 天，库存量为 $I(x) = 1200 - 40\sqrt{30x}$ 箱。一箱服装的保管费是 3 元。问工厂平均每天要支付多少保管费？

4. 一年的中秋节，身在驻地的小李收到家里邮寄来的一盒月饼，其中有一个月饼的形状非常特别，是一个由双纽线围成的形状，方程为 $\rho^2 = 72\cos2\theta$，$-\dfrac{\pi}{4} \leq \theta \leq \dfrac{\pi}{4}$。现在小李身边还有三个战友一起过节，小李想把这个特殊的月饼四等分和战友一起享用。你能帮助他实现想法吗？

第6章 定积分的应用

6.1 有洞量杯的使用问题

6.1.1 问题提出

在军用油库油品检测实验室里,需要做化学分析实验,发现盛水的圆柱体量杯边缘处出现了一个小洞,此时没有多余可用的其他量杯,同组的一位同学建议:将该量杯倾斜(图6-1)支放着盛水可以盛原来满量杯一半的水。他的提议正确吗?

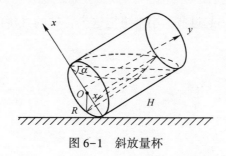

图6-1 斜放量杯

6.1.2 问题分析

一个有洞的量杯能不能使用,关键是看能不能盛水,盛多少水?即要求出倾斜支放后量杯的容积,可以将其看作求一个立体图形的体积。该立体图形不规则,可借助微元法求解。

6.1.3 数学问题

圆柱体量杯底面半径为 R、高为 H。圆柱体量杯边缘处出现了一个小洞,这时只能将此量杯倾斜支放,才能盛放液体,若小洞在底面圆的边缘上,求倾斜支放后量杯的容积。

6.1.4 问题求解

取底面中心为坐标原点,过小洞和支撑点的直线为 x 轴建立坐标,底面圆的方程 $x^2+y^2=R^2$。

小洞在底面圆的边缘时,若液面与底面夹角为 α,则 $\tan\alpha = \dfrac{H}{2R}$,在 $[-R,R]$ 上任取一点 x,此点作垂直于 x 轴的平面,得到与液体的截面是一个长方形,其底长和高分

别是

$$l = 2\sqrt{R^2 - x^2}$$

$$h = (R-x)\tan\alpha = \frac{H}{2R}(R-x)$$

其面积为

$$A(x) = lh = \frac{H}{R}(R-x)\sqrt{R^2 - x^2}$$

所以

$$V = \int_{-R}^{R} A(x)\,dx = \frac{H}{R}\int_{-R}^{R}(R-x)\sqrt{R^2 - x^2}\,dx$$

$$\xlongequal{x=R\sin t} 2HR^2\int_{0}^{\frac{\pi}{2}}\cos^2 t\,dt = \frac{1}{2}\pi R^2 H$$

6.1.5 结果分析

这个结论很容易从直观上进行解释,因为此时液面正好将原圆柱形容器的容积分成相等的两部分,所以该同学的建议是正确的。有洞的水杯可以盛水,只是盛水多少不同而已。

思考题 当底部的洞不在边缘的情况下,对两种不同情况:①小洞在底面中心;②小洞在底面上离中心 $\frac{R}{2}$ 处,求倾斜支放后容器的容积。(答案: $\frac{2}{3}HR^2$; $\left(\frac{\sqrt{3}}{4} + \frac{2\pi}{9}\right)HR^2$)

6.1.6 涉及知识点

已知平行截面面积函数的立体体积:设所给立体垂直于 x 轴的截面面积为 $A(x)$,$A(x)$ 在 $[a,b]$ 上连续,则对应小区间 $[x, x+dx]$ 的体积元素为 $dV = A(x)\,dx$,因此所求立体体积为

$$V = \int_a^b A(x)\,dx$$

6.1.7 拓展应用

不规则容器的液面方程确定。有一冷却塔如图 6-2 所示,其内侧壁是由曲线 $x = \varphi(y)$ ($y \geqslant 0$) 绕 y 轴旋转而成的旋转曲面,容器的底面圆的半径为 2m。根据设计要求,当以 3m³/min 的速率向容器内注入液体时,液面的面积将以 πm²/min 的速率均匀扩大(假设注入液体前,容器内无液体)。

(1) 根据 t 时刻液面的面积,写出 t 与 $\varphi(y)$ 之间的关系式;

(2) 求曲线 $x = \varphi(y)$ 的方程。

问题分析:问题(1)直接利用圆的面积公式可以求

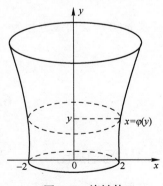

图 6-2 旋转体

解；问题（2）需借助于旋转体体积公式及问题（1）的结果。

问题求解：

方法一

（1）设在 t 时刻，液面的高度为 y，则由题设知 $\dfrac{\mathrm{d}S}{\mathrm{d}t}=\pi$，$\mathrm{d}S=\pi\mathrm{d}t$，$\displaystyle\int_{S_0}^{S}\mathrm{d}S=\int_{0}^{t}\pi\mathrm{d}t$，$S_0=4\pi$，此时液面的面积为 $\pi\varphi^2(y)=4\pi+\pi t$，从而 $t=\varphi^2(y)-4$。

（2）液面的高度为 y 时，液体的体积为

$$\pi\int_0^y \varphi^2(u)\mathrm{d}u = 3t = 3\varphi^2(y)-12$$

上式两边对 y 求导，得

$$\pi\varphi^2(y)=6\varphi(y)\varphi'(y)，即\ \pi\varphi(y)=6\varphi'(y)，$$

解此微分方程，得

$$\varphi(y)=C\mathrm{e}^{\frac{\pi}{6}y}$$

式中：C 为任意常数，由 $\varphi(0)=2$ 知 $C=2$，故所求曲线方程为 $x=2\mathrm{e}^{\frac{\pi}{6}y}$。

方法二

（1）在 t 时刻液面面积为 $2^2\pi+\pi t$，由题意 $\pi x^2=4\pi+\pi t$，于是 t 与 $\varphi(y)$ 的关系为 $\varphi^2(y)=4+t$。

（2）设液面高度为 y，在 $t\sim t+\mathrm{d}t$ 时间间隔为液体体积的变化为 $3\mathrm{d}t=(4\pi+\pi t)\mathrm{d}y$，解此微分方程得 $y=\dfrac{3}{\pi}\ln(4+t)+C$。

$t=0$ 时，$y=0$，从而解出

$$C=-\frac{3}{\pi}\ln 4$$

从而

$$y=\frac{3}{\pi}\ln\frac{4+t}{4}$$

由 $t=\varphi^2(y)-4$ 得

$$y=\frac{3}{\pi}\ln\frac{x^2}{4}$$

又 $\varphi(0)=2$ 曲线方程为

$$x=2\mathrm{e}^{\frac{\pi}{6}y}$$

6.2 子弹弹道长度问题

6.2.1 问题提出

在射击训练中，射程与命中率有很大的关系，而射程又与子弹的发射角有关，当发射角不同时，射出的子弹所经过的路程是不同的。要使子弹所经过的路程最长，如何确

定该发射角？

6.2.2 问题分析

假定子弹在运动过程中，除了重力的作用外，没有其他任何作用力，子弹在空中的轨迹是一条曲线，要求出该曲线的最大长度，可以先确定出曲线的长度（弧长公式），再利用求最值的方法进行求解。

6.2.3 数学问题

有一颗子弹，以初速度 v_0 斜向上方射出枪口，发射角为 $\alpha\left(0<\alpha<\dfrac{\pi}{2}\right)$，若要使子弹下落到枪口水平面时子弹所走过的路程最长，发射角 α 应满足什么关系？子弹所经过的路程最长问题就是曲线弧长最长问题。

6.2.4 问题求解

以枪口为坐标原点，正前方为 x 轴，正上方为 y 轴，建立坐标系，得到子弹的运行轨迹（图 6-3）为

$$\begin{cases} x = v_0 t\cos\alpha \\ y = v_0 t\sin\alpha - \dfrac{1}{2}gt^2 \end{cases}$$

令 $y=0$ 可得子弹重新落到枪口水平面所需要的时间为

$$T = \dfrac{2v_0 \sin\alpha}{g}$$

由弧微分公式求弧长，得子弹弹道曲线的长度为

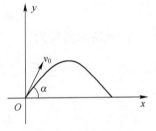

图 6-3 子弹弹道轨迹

$$\begin{aligned} L(\alpha) &= \int_0^T \sqrt{[x'(t)]^2 + [y'(t)]^2}\,\mathrm{d}t \\ &= \int_0^T \sqrt{[v_0\cos\alpha]^2 + [v_0\sin\alpha - gt]^2}\,\mathrm{d}t \end{aligned}$$

令

$$v_0\sin\alpha - gt = (v_0\cos\alpha)\tan\theta$$

故

$$t = \dfrac{1}{g}[v_0\sin\alpha - (v_0\cos\alpha)\tan\theta]$$

从而

$$\begin{aligned} L(\alpha) &= -\dfrac{1}{g}v_0^2\cos^2\alpha \int_\alpha^{-\alpha} \sec^3\theta\,\mathrm{d}\theta \\ &= \dfrac{2}{g}v_0^2\cos^2\alpha \int_0^\alpha \sec^3\theta\,\mathrm{d}\theta \\ &= \dfrac{1}{g}v_0^2[\sec\alpha\tan\alpha + \ln(\sec\alpha + \tan\alpha)]\cos^2\alpha \end{aligned}$$

它能取得最大值的必要条件是 $L'(\alpha)=0$，即

$$\frac{2v_0^2\cos\alpha}{g}[1-(\sin\alpha)\ln(\sec\alpha+\tan\alpha)]=0$$

也就是

$$\ln(\sec\alpha+\tan\alpha)=\csc\alpha$$

6.2.5 结果分析

在不考虑风的阻力时,只要从 $\ln(\sec\alpha+\tan\alpha)=\csc\alpha$ 中求解出发射角 α,就可以得到子弹的最长射程。若考虑逆风发射,已知风的阻力系数为 k,若要使子弹下落到枪口水平面时子弹所走过的路程最长,则发射角 α 必须满足什么条件?

6.2.6 涉及知识点

任意光滑曲线弧都是可求长的。

曲线弧由参数方程给出

$$\begin{cases} x=\varphi(t) \\ y=\psi(t) \end{cases} (\alpha\leqslant t\leqslant\beta)$$

弧长元素(弧微分)

$$ds=\sqrt{(dx)^2+(dy)^2}=\sqrt{\varphi'^2(t)+\psi'^2(t)}\,dt$$

因此所求弧长为

$$s=\int_\alpha^\beta \sqrt{\varphi'^2(t)+\psi'^2(t)}\,dt$$

6.3 潜艇观察窗的压力问题

6.3.1 问题提出

在探测海底的潜艇上装有若干个观察窗,为使窗户的设计更科学、更合理,首先要考虑观察窗上的压力,潜艇下降越深,其观察窗上的压力就越大,同时也要考虑潜艇观察窗美观且便于观察,那么潜艇观察窗的压力与窗户的形状和面积有什么关系呢?如果假定窗户是垂直的,其形状(图6-4)是对称的,试求出压力与窗户面积、窗户形心间的关系。

图6-4 某型潜艇

6.3.2 问题分析

要计算潜艇观察窗的压力，在水下，压力与压强有关，由物理学知道，在水深为 h 处的压强为 $p=\gamma h$，这里 γ 是水的密度。如果有一面积为 A 的平板水平地放置在水深为 h 处，那么，平板一侧所受的水压力为 $P=pA$。

而压强随潜入海的深度不同而不同，故潜艇在下潜的过程中压力是变化的，要求出它所受到的压力，可以通过"微元法"来解决。

6.3.3 数学问题

如果平板垂直放置在水中，由于水深不同的点处压强 p 不相等，平板一侧所受的水压力就不能直接使用平板一侧所受的水压力公式 $P=pA$，这是一个求不同水深压强不同的平板的压力问题，同时考虑到潜艇观察窗的美观，因此在设计时要考虑对称性，这也是一个平面图形的形心问题。

6.3.4 问题求解

从物理学知道，在水深 z 处的压强为 $p=\gamma z$，这里 γ 是海水的比重。建立如图 6-5 所示的坐标系，对应于 $[z, z+\mathrm{d}z]$ 的窄条上各点处的压强近似等于 γz，这个窄条的面积近似为 $\mathrm{d}A=2l(z)\mathrm{d}z$，其中 $l(z)$ 为图 6-2 阴影部分长度的一半，故这窄条上所受的海水压力的近似值，即压力微元

$$\mathrm{d}F = p\mathrm{d}A = 2\gamma z l(z)\mathrm{d}z$$

因此，加在整个窗面上的压力为

$$F = \int_{z_0}^{z_1} \mathrm{d}F = 2\gamma \int_{z_0}^{z_1} z l(z)\mathrm{d}z$$

因为

$$A = 2\int_{z_0}^{z_1} l(z)\mathrm{d}z$$

形心

$$\bar{z} = \frac{2}{A}\int_{z_0}^{z_1} z l(z)\mathrm{d}z$$

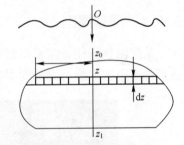

图 6-5 潜艇观察窗示意图

平面的形心就是截面图形的几何中心，质心是针对实物体而言的，而形心是针对抽象几何体而言的，对于密度均匀的实物体，质心和形心重合。

判断形心的位置：当截面具有两个对称轴时，二者的交点就是该截面的形心。据此，可以很方便地确定圆形、圆环形、正方形的形心。

只有一个对称轴的截面，其形心一定在其对称轴上，具体在对称轴上的哪一点，则需计算才能确定。

$$X_c = \frac{1}{A}\int_{x_0}^{x_1} x\mathrm{d}A, \quad Y_c = \frac{1}{A}\int_{y_0}^{y_1} y\mathrm{d}A$$

因此

$$F = \gamma \bar{z} A$$

但 $\gamma\bar{z}$ 正好是深度 $\bar{z}$ 处的水压强，所以加在窗户上的全部压力等于窗户露出的全部面

积乘以它形心处的压强。

6.3.5 结果分析

知道潜艇观察窗的形状以及海水密度，就可以计算出观察窗所受的压力。例如若该窗户是圆的（这是最可能的形状），其半径为 0.9144m，取 $\gamma = 1121.9767\text{kg/m}^3$，计算 $\bar{z} = 1828.2\text{m}$，压力 $F = 1121.9767 \times \pi 0.9144^2 \times 1828.2 = 37407.031\text{kg}$。

6.3.6 涉及知识点

计算变压力时利用微元素法：

第一步，利用"化整为零，以常代变"求出局部量的近似值——微分表达式

$$dU = f(x)dx \quad \text{（所求量的微元）}$$

第二步，利用"积零为整，无限累加"求出整体量的精确值——积分表达式

$$U = \int_a^b f(x)dx$$

这种方法被称为元素法或者微元分析法。元素的几何形状常取为条、带、段、环、扇、片、壳等。

6.4 帐篷打桩问题

6.4.1 问题提出

某部因执行任务需要在野外搭建大帐篷（图6-6），搭建大帐篷需要汽锤打桩，汽锤打击多少次才能达到深度要求？

图6-6 帐篷

6.4.2 问题分析

（1）打桩时汽锤每击打一次作的功是不同的，所以应在每一次击打时考虑汽锤的作功情况。由于每次击打土层对桩的阻力也是变化的，因此应利用微元法建立起汽锤作功与打桩深度之间的函数关系式，再利用前后两次作功之间的关系，便可确定出汽锤某

次击打后桩的深度函数表达式。

（2）用数学归纳法求出汽锤打桩深度的函数表达式后取极限便可求解。

这是一个变力沿直线所作的功问题。

6.4.3 数学问题

用汽锤将桩打进土层，汽锤每次击打，都将克服土层对桩的阻力而作功。设土层对桩的阻力的大小与桩被打进地下的深度成正比（比例系数为 k，$k>0$），汽锤第一次击打将桩打进地下 a 米，根据设计方案，要求汽锤每次击打桩时所作的功与前一次击打时所作的功之比为常数 $r(0<r<1)$。问：

（1）汽锤击打桩 3 次后，可将桩打进地下多深？

（2）若击打次数不限，汽锤至多能将桩打进地下多深？

6.4.4 问题求解

（1）设第 n 次击打后，桩被打进地下 x_n，第 n 次击打时，汽锤所作的功为 W_n（$n=1,2,3,\cdots$）。由题设，当桩被打进地下的深度为 x 时，土层对桩的阻力的大小为 kx，所以

$$W_1 = \int_0^{x_1} kx\,dx = \frac{k}{2}x_1^2 = \frac{k}{2}a^2$$

$$W_2 = \int_{x_1}^{x_2} kx\,dx = \frac{k}{2}(x_2^2 - x_1^2) = \frac{k}{2}(x_2^2 - a^2)$$

由 $W_2 = rW_1$ 可得

$$x_2^2 - a^2 = ra^2$$

即

$$x_2^2 = (1+r)a^2$$

$$W_3 = \int_{x_2}^{x_3} kx\,dx = \frac{k}{2}(x_3^2 - x_2^2) = \frac{k}{2}[x_3^2 - (1+r)a^2]$$

由 $W_3 = rW_2 = r^2 W_1$ 可得

$$x_3^2 - (1+r)a^2 = r^2 a^2$$

从而

$$x_3 = \sqrt{1+r+r^2}\,a$$

即汽锤击打 3 次后，可将桩打进地下 $\sqrt{1+r+r^2}\,a$ 米。

（2）由归纳法，设 $x_n = \sqrt{1+r+r^2+\cdots+r^{n-1}}\,a$，则

$$W_{n+1} = \int_{x_n}^{x_{n+1}} kx\,dx = \frac{k}{2}(x_{n+1}^2 - x_n^2)$$

$$= \frac{k}{2}[x_{n+1}^2 - (1+r+\cdots+r^{n-1})a^2]$$

由于 $W_{n+1} = rW_n = r^2 W_{n-1} = \cdots = r^n W_1$，故得

$$x_{n+1}^2 - (1+r+\cdots+r^{n-1})a^2 = r^n a^2$$

从而
$$x_{n+1} = \sqrt{1+r+\cdots+r^n}\,a = \sqrt{\frac{1-r^{n+1}}{1-r}}\,a$$

于是
$$\lim_{n\to\infty} x_{n+1} = \sqrt{\frac{1}{1-r}}\,a$$

6.4.5 结果分析

汽锤击打 3 次后，可将桩打进地下 $\sqrt{1+r+r^2}\,a$ 米，这与第一次打桩和第一次、第二次做功有关，如果击打次数不限，则汽锤至多能将桩打进地下 $\sqrt{\dfrac{1}{1-r}}\,a$ 米。

6.4.6 涉及知识点

微元法：

由物理学知道，如果物体在做直线运动的过程中有一个不变的力 F 作用在这物体上，且这力的方向与物体的运动方向一致，那么，在物体移动了距离 s 时，力 F 对物体所作的功为 $W=Fs$。

如果物体在运动的过程中所受的力是变化的，就不能直接使用此公式，对于变力沿直线所作的功问题，采用微元法。

6.5 歼 20 飞机活塞做功问题

6.5.1 问题提出

歼-20 飞机（图 6-7）是我国研制的第五代隐身重型歼击机，空军代号为"鲲鹏"，该机将担负我军未来对空、对海的主权维护，该机采用两台国产涡扇 10B 发动机，发动机配有活塞（图 6-8），活塞在汽缸中上下移动，当从顶部向底部移动时，会吸入一定量的空气，活塞可吸入的空气量取决于活塞的横截面积以及它从顶部向底部的

图 6-7　歼-20 飞机

移动距离,即活塞作功,活塞作功的大小直接影响到发动机的功率,如何计算活塞运动所作的功?

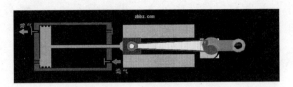

图 6-8 发动机活塞示意图

6.5.2 问题分析

由物理学知道,如果物体在作直线运动的过程中有一个不变的力 F 作用在这物体上,且这力的方向与物体的运动方向一致,那么,在物体移动距离 s 时,力 F 对物体所作的功为 $W=Fs$。

如果物体在运动的过程中所受的力是变化的,则不能直接使用此公式,而是采用微元法的思想,变力沿直线作功。

设物体在连续变力 $F(x)$ 作用下沿 x 轴从 $x=a$ 移动到 $x=b$,力的方向与运动方向平行(图 6-9)。在 $[a,b]$ 任取子区间 $[x,x+\mathrm{d}x]$,则其上所作的功元素为

$$\mathrm{d}W=F(x)\mathrm{d}x$$

因此变力 $F(x)$ 在区间 $[a,b]$ 上所作的功为

$$W=\int_a^b F(x)\mathrm{d}x$$

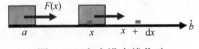

图 6-9 变力沿直线作功

6.5.3 数学问题

由于作用在活塞上的压力随着活塞的压强变化而变化,因此活塞运动作功问题就是一个变压力作功问题,如何计算变力沿直线作功?

6.5.4 问题求解

建立坐标系如图 6-10 所示。由波义耳-马略特定律知压强 p 与体积 V 成反比,即

$$p=\frac{k}{V}=\frac{k}{xS}$$

故作用在活塞上的力为

$$F(x)=p\cdot S=\frac{k}{x}$$

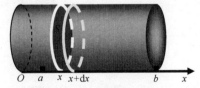

图 6-10 活塞作功微元

功元素为

$$\mathrm{d}W=F(x)\mathrm{d}x=\frac{k}{x}\mathrm{d}x$$

所求功为

$$W=\int_a^b\frac{k}{x}\mathrm{d}x=k[\ln x]_a^b=k(\ln b-\ln a)$$

6.5.5 结果分析

活塞作功的大小与活塞移动的距离有关，即与吸入的空气量有关，还与吸入的介质有关，这个结论对于设计大功率的活塞有指导作用。

6.5.6 涉及知识点

微元法（见 6.3.6 节）

6.5.7 拓展应用

井底清淤问题 消防官兵为清除井底污泥（图 6-11），用缆绳将抓斗放入井底抓起污泥后提出井口，已知井深 30m，抓斗自重 400N，缆绳每米重 50N，抓斗每次抓起的污泥重 2000N，提升速度为 3m/s，在提升过程中污泥以 20N/s 的速度从抓斗缝隙中漏掉，现将抓起污泥的抓斗提升到井口，问克服重力需作多少功（单位：J）？

建立如图 6-12 所示坐标系：井底为坐标原点，朝井口的铅直方向为 x 轴正向。

将抓起污泥的抓斗由 x 提升 dx 所作的功如下。

克服抓斗自重：$dW_1 = 400 dx$

克服缆绳重：$dW_2 = 50 \cdot (30-x) dx$

提升抓斗中的污泥：$dW_3 = \left(2000 - 20 \cdot \dfrac{x}{3}\right) dx$

总微功　　$dW = dW_1 + dW_2 + dW_3$

所以

$$W = \int_0^{30} \left[400 + 50(30-x) + \left(2000 - 20 \cdot \dfrac{x}{3}\right) \right] dx = 91500 (\text{J})$$

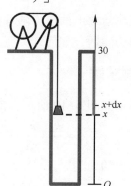

图 6-11　井底清淤示意图　　　图 6-12　井底清淤坐标系

6.6　油罐倒油作功问题

6.6.1 问题提出

由于种种原因，如清罐、换油品等，油库会有计划对油罐（图 6-13）进行倒罐，倒罐就是将一个油罐中的油通过泵倒入另一个油罐中，倒罐中需要用泵，选用多大功率的泵能够将油罐中的油在规定时间里倒入另一个罐中，要看抽油过程所作的功，因此需要计算将一个油罐中的油料倒入另一个油罐内所作的功。

图 6-13　油罐

6.6.2　问题分析

在中学学过，对于恒力，功等于力与路程的乘积，对于变力又如何计算功呢？在前面计算平面面积时将不规则的图形的面积转化为规则图形的面积，采用的是什么方法呢？通过微元法将变的问题转化为不变的问题来处理。

6.6.3　数学问题

将一个油罐中的油料倒入另一个油罐内作的功，克服油的重力所作的功，不同位置的油所经过的位移不一样，所作的功就不一样，如何计算功呢？这是一个变力沿直线作功的问题。

一储满油的圆柱形储油罐高 10m，底圆半径为 6m，试问要把储油罐中的油料全部抽出需作多少功？

6.6.4　问题求解

解：建立坐标系（图 6-14），变量为 x 取值范围是 $[0,10]$，要把储油罐中的油料全部抽出，所需要的力至少大于或等于重力，现取重力，在 $[0,10]$ 上任取子区间 $[x,x+dx]$，这一薄层油的重力为 $g\rho \cdot \pi 6^2 dx$，这一薄层油抽到罐口所移动的位移是 x，所作的功为

$$dW = 36\pi g\rho dx \cdot x$$

要把储油罐中的油料全部抽出，需要作的功为

$$W = \int_0^{10} 36\pi g\rho x dx = 1800\pi g\rho$$

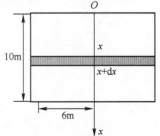

图 6-14　油罐坐标系

6.6.5　结果分析

设油的密度为 $\rho = 0.725$kg/L，$g = 9.8$m/s^2，要把高 10m、底圆半径 6m 的圆柱形储油罐的油全部抽出需要作功 $W = 1800\pi \cdot g \cdot \rho = 40157.46$J，对于功率为 70W 的泵，只需要 10min 就可以将油抽完。

6.6.6 涉及知识点

微元法（见6.3.6节）。

习 题 6

1. 用铁锤将一铁钉击入木板，设木板对铁钉的阻力与铁钉击入木板的深度成正比，在击第一次时，将铁钉击入木板1cm，如果铁锤每次锤击铁钉所作的功相等，问锤击第二次时，铁钉又击入多少？

2. 2011年11月3日凌晨神舟八号与天宫一号完成首次交会对接，是未来中国空间站建设的一次尝试。我们期盼着有朝一日能坐上宇宙飞船去遨游太空，这是多么令人兴奋的事呀！为此，需要考虑的一个基本问题是，飞船要用多大的初速度才能摆脱地球的引力呢？可以用火箭代替飞船来考虑这个问题。

3. 某建筑工程打地基时，需用汽锤将桩打进土层。汽锤每次击打，都将克服土层对桩的阻力而作功。设土层对桩的阻力的大小与桩被打进地下的深度成正比（比例系数为k，$k>0$），汽锤第一次击打将桩打进地下am。根据设计方案，要求汽锤每次击打桩时所作的功与前一次击打时所作的功之比为常数$r(0<r<1)$。问：

(1) 汽锤击打桩3次后，可将桩打进地下多少米？

(2) 若击打次数不限，汽锤至多能将桩打进地下多少米？

第7章 微分方程

7.1 油罐车排油问题

7.1.1 问题提出

在部队后勤保障中，油料保障是重中之重。油料保障中包括很多的环节，如储存、运输、加注等。现考虑运油车（图7-1）加注过程中，如果运油车缺失了额外动力，需要将车内的油料通过自流方式全部排出。在这样紧急情况下，问整个自流排油需要多少时间？

图7-1 运油车

7.1.2 问题分析

本问题在不考虑其他动力情况下，仅根据流体自身重力将油罐内的液体流出来计算全部排完液体需要时间，这就需要获得流体流量与时间的函数关系。因此必须根据流体力学的规律，建立方程模型。

7.1.3 数学问题

假设运油车的罐体是长为 $L=3.5$ (m) 的椭圆柱体，截面椭圆方程为 $\frac{x^2}{(1.1)^2}+\frac{y^2}{(0.6)^2}=1$，罐体自流阀位于罐体底部，其孔口为一个圆，其半径为 0.04 (m)。若罐体中还剩50%的油料，且只有一个自流阀能用，问能否按要求在 15min 内将油料全部排出？

7.1.4 问题求解

首先，为了简化计算，这里考虑运油车罐体为椭圆柱体。其次，由于油料是通过自流方式流出，需要考虑影响油料单位时间内流量的因素，根据流体力学的规律，建立微分方程。最后，通过微分方程的相关解法，获得特解。

由流体力学知识，假设该油料从孔口流出的流量公式为

$$Q = \frac{dV}{dt} = -0.62 \cdot S\sqrt{2gh}$$

式中：Q 为单位时间流出的油料；V 为残余油料体积；S 为孔口截面面积；h 为残余油料高度。

因为自流阀孔口半径为 0.04m，所以孔口截面面积为 $S = 0.0016\pi (m^3)$，则

$$\frac{dV}{dt} = -9.92\pi\sqrt{2gh} \times 10^{-4}$$

又由图 7-2 对体积的微元分析可知

$$\frac{dV}{dh} = 2|x|L = 7.7\sqrt{\frac{1.2h - h^2}{0.36}}$$

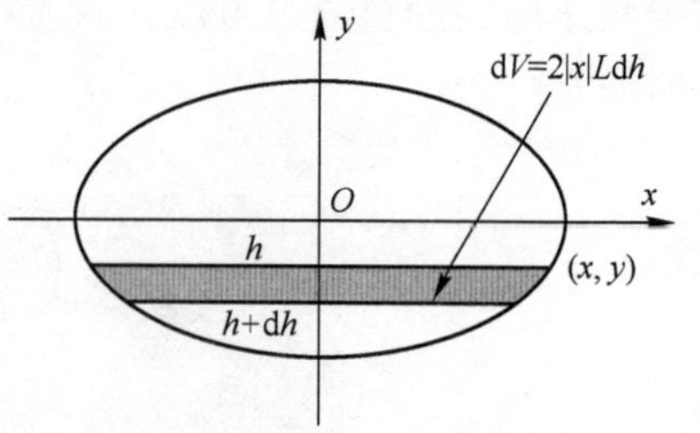

由 $\dfrac{\frac{dV}{dt}}{\frac{dV}{dh}} = \dfrac{dh}{dt}$ 得油料剩余高度与时间的微分方程为

$$\frac{dh}{dt} = -\frac{9.92}{7.7} \times 10^{-4} \pi\sqrt{0.72g} \frac{1}{\sqrt{1.2-h}}$$

$$= -3.3998 \times 10^{-4} \frac{1}{\sqrt{1.2-h}}$$

图 7-2 罐体截面和体积的微元分析

这是一个可分离变量的微分方程，分离变量得

$$\sqrt{1.2-h}\,dh = -3.3998 \times 10^{-4} dt$$

两边同时积分，得

$$-\frac{2}{3}(1.2-h)^{\frac{3}{2}} = -3.3998 \times 10^{-4} t + c$$

当 $t=0$ 时，$h=0.6$（m），于是 $c = -0.3098$。所以微分方程的特解为

$$-\frac{2}{3}(1.2-h)^{\frac{3}{2}} = -3.3998 \times 10^{-4} t - 0.3098$$

则

$$t = \frac{10^4}{3.3998}\left(\frac{2}{3}(1.2-h)^{\frac{3}{2}} - 0.3098\right)$$

当油料排放完毕时，即是 $h=0$，所需时间 $t = 1417.1(s) = 23.6183(min) > 15(min)$。因此，不能按要求在 15min 内排放完油罐内油料。

计算的 Matlab 程序如下：

```
L=0.6;              %油料高度
```

```
dh = 0;                    %变化高度
t = [ ];                   %时间
h = [ ];                   %油料高度
for i = 1:1000
    dh = dh+L/1000;
    h(i) = dh;
    t(i) = 10^4/3.998 * (2/3 * (1.2-dh)^(3/2) -0.3098);
end
plot(t',h')                %作图
```

获得自流时间（s）与油料剩余高度（m）的曲线见图 7-3。

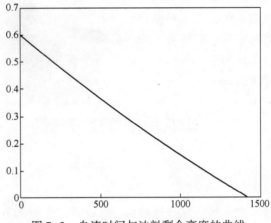

图 7-3 自流时间与油料剩余高度的曲线

7.1.5 结果分析

本问题中，若罐体中还剩 50% 的油料（约 3.6m³），通过重力作用排油需要 23.6183min 才能将油料全部排出。因此通过自流效率太低，流量太小！为了减小流完的时间，应该尽量使用加油泵加（排）油。如果利用重力加（排）油，应尽量提高加（排）油的高度差，如实际加油中常常将油罐放到小山坡上。

7.1.6 涉及知识点

可分离变量微分方程 $\dfrac{dy}{dx}=f(x)g(y)$ 的解法 分离变量得 $\dfrac{dy}{g(y)}=f(x)dx$，两边积分，得 $\int \dfrac{1}{g(y)}dy = \int f(x)dx$，设左右两端原函数分别为 $G(y)$，$F(x)$，则有

$$G(y) = F(x) + C$$

这就是原方程的隐式通解。

7.1.7 拓展应用

若已知该运油车的罐体为方圆形，尺寸为 7.5m×2.2m×1.4m，截面为圆矩形如

图 7-4 所示，四角是半径为 0.4 的四分之一圆。罐体自流阀孔口半径为 0.04，位置在罐体底部。若罐体中盛满油料，则需要多少个自流阀才能按要求在 30min 内将油料全部排出？

油料保障是军队组织实施油料（燃料油，润滑油、脂，特种液等）供应所采取的措施，是油料勤务的重要内容。

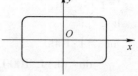

图 7-4 圆矩形示意图

现代战争油料消耗越来越大。第一次世界大战中油料消耗量在各种物资总消耗量中所占比重还较小，在第二次世界大战中上升到 30%~40%。目前一些工业发达国家军队的油料消耗量，平时已占各种物资总消耗量的 40%~50%，战时预计高达 60%~70%。油料保障的内容主要包括：①油料保障计划，通常根据部队担负的任务、装备实力、交通状况和影响油料消耗的其他因素制定；②油料筹措，多数国家的军队由有关业务部门统一订货、采购，小批量用油、当地有条件的由部队就近采购；③油料储存，需要有专门的容器和设备，建设与储存要求相适应的油库；④油料输送，一般有铁路、公路、水路、空中和管线输送等方式。根据输送的任务、时限、条件与敌情等因素，选用一种或多种输送方式；⑤油料加注，包括行军或战斗中为各种装备加注油料。

7.2 伞兵的下降速度问题

7.2.1 问题提出

在现代信息化条件下多兵种的联合作战中，将伞兵以空投的方法及时投放到前沿阵地（图 7-5），使部队以最快的速度出现在最有利的地方，是出奇制胜的重要方法之一。实际中，如何将伞兵安全、快速投放到阵地上是一个值得研究的课题。请你建立数学模型探讨伞兵的下降速度。

图 7-5 投放伞兵

7.2.2 问题分析

降落伞降落的过程是一个在重力和空气阻力作用下的自平衡运动，最终速度状态与飞机初速度、伞兵总质量和降落伞伞衣面积有关；降落时间与飞机的飞行高度有关。通过对降落中的降落伞进行受力分析，可以推导出其降落的微分方程模型。

7.2.3 数学问题

设伞兵从低空盘旋的飞机跳下后，打开降落伞，由于空气阻力受到许多因素的影响，在合理假设下，建立数学模型，求出降落伞下落速度与时间的函数关系，并进行相关分析。

7.2.4 问题求解

首先，进行受力分析（图7-6），伞兵下降过程中，受到了自身重力和降落伞的拉力（空气对降落伞的阻力）作用；其次，根据牛顿第二定律建立水平和竖直方向的运动方程，并分别求解；最后进行运动合成和讨论。

降落伞在下降过程中，受到阻力作用（图7-6），其方向和速度方向相反，大小取决于物体的大小、形状，物体运动的速度，媒质的温度、密度、黏滞系数等，通常可用下式表示：

$$f = c\rho S\varphi(v)$$

式中：c 为与物体大小形状有关的系数，称为黏滞阻力系数；ρ 为空气密度；S 为物体投影在垂直于速度向量的平面上的面积；$\varphi(v)$ 为物体速度 v 的函数，其形式不确定。通常情况下，速度越大，阻力越大，所以可以假设 $\varphi(v) = \lambda \cdot v^n$，$\lambda$ 为空气阻力系数，资料表明，$n=1$ 的情况符合于一般的常见物体的低速运动，如伞兵；$n=2$ 的情况符合接近或者超过声速的运动，如航空运输；$n=3$ 或 5 的情况符合于超声速飞机或火箭的发射。

图 7-6 降落伞受力分析

假设迎风角 $\theta \neq 0$，随时间而变化。伞兵所受空气阻力与速度成正比，即是 $f = kv$，其中 $k = c\rho S\lambda$。初始条件为 $v_x|_{t=0} = v_0$，$v_y|_{t=0} = 0$。于是将空气阻力，也就是绳的拉力 f 进行水平和竖直分解，得

$$\begin{cases} f_x = f \cdot \sin\theta(t) \\ f_y = f \cdot \cos\theta(t) \end{cases}$$

其中 $f = c\rho S\lambda v = kv = k\sqrt{v_x^2 + v_y^2}$，$\sin\theta(t) = \dfrac{v_x}{\sqrt{v_x^2 + v_y^2}}$，$\cos\theta(t) = \dfrac{v_y}{\sqrt{v_x^2 + v_y^2}}$。于是，根据牛顿第二定律可分别建立水平方向和竖直方向的微分方程如下：

$$\begin{cases} m\dfrac{\mathrm{d}v_x}{\mathrm{d}t} = -k\sin\theta(t) \cdot v \\ m\dfrac{\mathrm{d}v_y}{\mathrm{d}t} = mg - k\cos\theta(t) \cdot v \end{cases}$$

即

$$\begin{cases} m\dfrac{\mathrm{d}v_x}{\mathrm{d}t} = -k \cdot v_x \\ m\dfrac{\mathrm{d}v_y}{\mathrm{d}t} = mg - k \cdot v_y \end{cases}$$

两个方程都是分离变量的微分方程。对于 $m\dfrac{\mathrm{d}v_y}{\mathrm{d}t}=mg-k\cdot v_y$，分离变量然后积分，得

$$\int\dfrac{\mathrm{d}v_y}{mg-kv_y}=\int\dfrac{\mathrm{d}t}{m}$$

得通解为

$$-\dfrac{1}{k}\ln(mg-kv_y)=\dfrac{t}{m}+C$$

利用初始条件得 $C=-\dfrac{1}{k}\ln(mg)$。所以，原微分方程的特解为

$$v_y=\dfrac{mg}{k}(1-\mathrm{e}^{-\frac{k}{m}t})$$

同样求解可得 $v_x=v_0\mathrm{e}^{-\frac{k}{m}t}$。这样，就可以求得速度与时间的函数关系

$$v=\sqrt{v_x^2+v_y^2}=\sqrt{(v_0\mathrm{e}^{-\frac{k}{m}t})^2+\left[\dfrac{mg}{k}(1-\mathrm{e}^{-\frac{k}{m}t})\right]^2}$$

7.2.5 结果分析

通过合理假设和简化，建立运动微分方程，可获得伞兵下降速度和时间的函数关系：

$$v=\sqrt{v_x^2+v_y^2}=\sqrt{(v_0\mathrm{e}^{-\frac{k}{m}t})^2+\left[\dfrac{mg}{k}(1-\mathrm{e}^{-\frac{k}{m}t})\right]^2}$$

特别地，t 足够大时有 $v\approx\dfrac{mg}{k}$，这个速度叫收尾速度。根据受力分析，空气阻力逐渐增大，在竖直方向上，当空气阻力和重力相等时，物体作匀速直线运动，速度达到最大为收尾速度。假设黏滞阻力系数 $c=1$，空气密度为 $\rho=1.29\mathrm{kg/m^3}$，降落伞的面积为 $S=25\mathrm{m^2}$，$\lambda=1$，伞兵的质量为 75kg，则收尾速度为 $v\approx\dfrac{mg}{k}=\dfrac{mg}{c\rho S\lambda}=22.791(\mathrm{m/s})$。一般情况下，为了保证人员安全着陆，收尾速度应低于 10m/s。因此，若收尾速度过大，应该在增加 k 上想办法，如增加降落伞的面积。

通过 $s(t)=\int_0^T v(t)\mathrm{d}t$，可以计算时间段 $[0,T]$ 上伞兵的在水平和竖直方向上位移：

$$s_x=\dfrac{mv_0}{k}(1-\mathrm{e}^{-\frac{k}{m}T}),\quad s_y=\dfrac{mg}{k}\left(T-\dfrac{m}{k}+\dfrac{m}{k}\mathrm{e}^{-\frac{k}{m}T}\right)$$

计算的 Matlab 程序如下：

```
m=75;
v0=100;
k=1.29*25;
t=0;
g=9.8;
s1=[];
```

```
s2=[ ];
for i=1:1000;
    t=t+0.1
    s1(i)=m*v0/k*(1-exp(-k*t/m));
    s2(i)=-m*g/k*(t-m/k+m/k*(exp(-k*t/m)));
end
plot(s1,s2)
```

获得伞兵的下降近似轨迹见图 7-7。

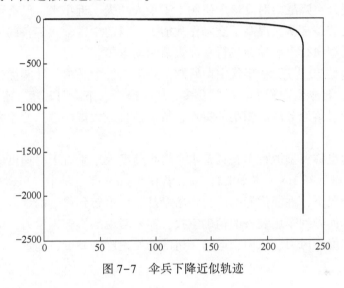

图 7-7 伞兵下降近似轨迹

7.2.6 涉及知识点

可分离变量微分方程 $\dfrac{\mathrm{d}y}{\mathrm{d}x}=f(x)g(y)$ 的解法 见 7.1.6 节。

7.2.7 拓展应用

空降兵是以伞降或机降方式投入地面作战的兵种,又称伞兵。它是一支诸兵种合成的具有空中快速机动和超越地理障碍能力的突击力量。

1927 年,苏军使用运输机在中亚细亚地区空投部队,一举歼灭了巴斯马赤匪徒等叛乱分子,是第一次出现的空降战。1930 年,苏军空降兵正式建立世界上第一支正式的伞兵部队。在第二次世界大战中,苏联、德国和美国都多次运用空降兵。

世界上使用空降部队最多的国家是英国和美国。盟军第一次大规模空降突袭是 1943 年 7 月对西西里岛进行的"哈斯基行动"。7 月 10 日是盟军预定进攻的日子,谁料天公不作美,英国第一空降师不幸遇到大风,兵员损失惨重。虽然只有 73 名官兵空降到达目的地,但这些英勇的伞兵依然占领了锡拉兹公路上的一座重要桥梁,切断了德国军队的后路,完成了击溃德军的任务。在 1944 年 6 月对诺曼底登陆战中,英、美两军使用空降部队巩固代号为"宝剑"的东部海滩。为了减少损失,空降采用规避战术,美军

101空降师只有六分之一的兵力抵达预定位置,尽管如此,由于空降部队勇敢、迅速地投入作战,给德军打了个措手不及,使盟军得以在海运突击部队抵达前,完成了对目标的占领。而历史上最成功的空降作战,则是盟军于1944年8月收复法国南部的战役。盟军共出动了396架飞机,分9批来回运载伞兵部队,这次战役有60%的伞兵被投到空降场或附近地区,并有效投入了战斗。

中华人民共和国于1950年9月成立中国人民解放军的第一支伞兵部队——空军陆战第1旅。中国空降兵部队过去装备的伞兵伞,多是跳伞安全高度高、水平运动距离短、滞空时间较长、落地分散面积大,不利于较大规模部队伞降作战的降落伞。1990年后,中国为提升空降战力对降落伞研制下了很大功夫。近年来,已有数种先进的新型降落伞研制成功装备部队,提高了空降作战能力。目前中国伞兵装备的新型伞具主要有伞兵九型伞、翼型滑行伞、动力飞行伞和火箭制动伞等。

伞兵九型伞是20世纪90年代中期研制出的第二代伞兵伞,性能优越,最低跳伞安全高度仅300m,且伞衣面积大、排气孔多、便于操纵、下降时间短、水平运动速度快,具有滞空时间短、落地分散面积小的特点,特别适合较大规模部队使用大中型运输机的伞降作战。

翼型滑行伞也称翼型滑行伞,具备水平滑行速度大于垂直下降速度的特点,其滑降比一般为3:1,每下降1m可水平滑行3m。若在5000m高空跳伞,可滑行到15km外着陆。在有风的情况下,性能优异的滑行降落伞甚至可滑行到更远的地方。

请你思考如何做到军用装备的精确空投,需要考虑的影响因素有伞的规格和最大承载力,气压、温度、风力、风向,运输飞机的初始速度和高度,地形,以及装备的安全性等。

7.3 兰彻斯特(Lanchester)作战模型

7.3.1 问题提出

在第一次世界大战期间,战争给人们带来了许多灾难。一场战争的结局怎样,是人们关心的问题,同样也引起了数学家们的注意,能用数量关系来预测战争的胜负吗?两军对垒,能否计算战斗过程中双方的伤亡情况,并预测战斗的结局?

7.3.2 问题分析

F. W. 兰彻斯特首先提出了一些预测战争结局的数学模型,后来人们对这些模型作了改进和进一步的解释,用以分析历史上一些著名的战争,如第二次世界大战中的美日硫磺岛之战和1975年结束的越南战争。

(1) 影响战争的因素:兵员的多少,武器的配备,指挥员的指挥水平,地理位置的优劣,士气的高低,兵员素质的高低,后勤供应充分与否等。

(2) 抓主要矛盾:兵员的多少,武器的配备,指挥员的指挥水平。若武器配备与指挥员水平相当,则重中之重便是兵员多少的问题。

7.3.3 数学问题

分析该问题时,为了简化,假设双方的武器配备,指挥员的指挥水平都差不多,这样就把该问题变成了战争的胜负由战斗人员剩下多少来决定,只需要分析双方人员的变化率与哪些因素有关,就可以计算战斗过程中双方的伤亡情况,预测战争的结局,这是人员变化率问题。

7.3.4 问题求解

1. 问题假设

(1) 甲、乙双方的战斗力完全取决于两军的人数。设 t 时刻甲、乙双方的人数分别为 $x(t)$,$y(t)$,$t=0$ 时,$x(0)=x_0,y(0)=y_0$。

(2) 甲、乙双方人员的变化主要是战斗减员、非战斗减员和增援部队。以甲方为例,设 $\alpha(x,y),\beta(x,y),\gamma(t)$ 分别表示非战斗减员率、战斗减员率和增援率。则有

$$\frac{dx}{dt}=-[\alpha(x,y)+\beta(x,y)]+\gamma(t) \tag{7-1}$$

(3) 影响战争的因素比较多,可以简化,假设 $\alpha(x,y)=ax$,$\beta(x,y)$ 与作战形式有关。

2. 战争模型

甲方的战斗减员率与乙方的士兵数成正比,即 $\beta(x,y)=by$,b 表示乙方每个士兵对甲方士兵的杀伤力,称为**乙方的战斗有效系数**,$p(t)$ 为甲方的增援,$q(t)$ 为乙方的增援。

战争模型式 (7-1) 变为

$$\begin{cases}\dfrac{dx}{dt}=-ax-by+p(t)\\ \dfrac{dy}{dt}=-cx-ey+q(t)\end{cases} \tag{7-2}$$

讨论不考虑增援,即孤军作战;同时忽略非战斗减员。

战争模型式 (7-2) 变为

$$\begin{cases}\dfrac{dx}{dt}=-by\\ \dfrac{dy}{dt}=-cx\end{cases}$$

对此微分方程组变形、积分得

$$\frac{dy}{dx}=\frac{cx}{by},\ bydy=cxdx,\ \int_{y_0}^{y}bydy=\int_{x_0}^{x}cxdx$$

$$by^2-by_0^2=cx^2-cx_0^2$$

最终得微分方程的解为

$$by^2-cx^2=by_0^2-cx_0^2=K$$

当 $K=0$ 时(图 7-8),$\sqrt{b}y=\sqrt{c}x$,即轨线方向沿此直线指向原点(其奇点 $(0,0)$ 为鞍点),双方战平。

当 $K>0$ 时（图7-9），x 轴为虚轴，轨线与 y 轴有交点 $(0, \sqrt{\frac{K}{b}})$，即存在 t_1 使 $x(t_1)=0$，$y(t_1)=\sqrt{\frac{K}{b}}>0$，这表明乙方获胜；同理可知当 $K<0$ 时，甲方获胜。

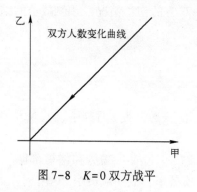

图 7-8　$K=0$ 双方战平　　　　图 7-9　$K>0$ 乙方获胜

进一步分析乙方取胜的条件：

当 $K>0$ 时，$by_0^2-cx_0^2>0$，$by_0^2>cx_0^2$

即乙方想要获胜，必须增加最初战斗力和战斗有效系数。

当 b 增加2倍时，by_0^2 也增加2倍；

当 y_0 增加2倍时，by_0^2 却增加4倍。

7.3.5　结果分析

这正是两军作战时**兰彻斯特平方定律**的意义，说明兵员增加战斗力大大加强，最初战斗力和战斗有效系数是决定胜负的关键。这是一个简化了的微分方程组模型，也称为兰彻斯特平方定律模型。

问题：两军对垒，甲军有 m 个士兵，乙军有 n 个士兵，试计算战斗过程中双方的伤亡情况，并预测战斗的结局。

若 $m=100$，$n=50$，$b=c>0$，由 $by_0^2-cx_0^2=K$，得

$$y_0^2-x_0^2=\frac{K}{b}$$

$$50^2-100^2=-7500,\quad K<0$$

因此，甲军胜利，乙军失败。存在时刻 T，当 $y(T)=0$ 时，由 $by^2-cx^2=K$，$x=\sqrt{\frac{-K}{b}}$，若 $b=c=1$，则计算得 $x(T)\doteq 87$，即甲军战死13人，乙军50人全军覆灭。

7.3.6　涉及知识点

可分离变量微分方程 $\frac{\mathrm{d}y}{\mathrm{d}x}=f(x)g(y)$ 的解法　见7.1.6节。

7.3.7　拓展应用

兰彻斯特方程又称兰彻斯特战斗理论或战斗动态理论，是应用数学方法研究敌对双

方在战斗中的武器、兵力消灭过程的运筹学分支。

1915年，英国工程师F.W.兰彻斯特在《战斗中的飞机》一文中，首先提出用常微分方程组描述敌对双方兵力消灭过程，定性地说明了集中兵力的原理，开始是将其用于分析交战过程中的双方伤亡比率，后逐渐推广其用途。

兰彻斯特方程证明，相同战斗力和战斗条件下，1000人对2000人作战，几轮战斗下来。多方只要伤亡268人就能全歼1000人的队伍，兰彻斯特方程特别适用于现代战争中分散化军队和远程火炮配置发生的战斗，远距离战斗比如炮战、空战、舰队海战很可能出现兰彻斯特方程的理想情况。

1914年，英国人F.W.兰彻斯特研究空战最佳编队时发现了兰彻斯特方程。

当战斗双方在彼此视距外交战的时候，任一方实力与本身数量成正比，即兰彻斯特线性律。

当战斗双方任意战斗单位都在彼此视野及火力范围以内交战的时候，任一方实力与本身数量的平方成正比，即兰彻斯特平方律。

兰彻斯特的战斗力方程是：战斗力 = 参战单位总数 × 单位战斗效率。它表明：在数量达到最大饱和的条件下，提高质量才可以增强部队的战斗力，而且是倍增战斗力的最有效方法。在高新科学技术的影响下，军队的数量、质量与战斗力之间的关系已经发生了根本性变化：质量居于主导地位，数量退居次要地位，质量的优劣举足轻重，质量占绝对优势的军队将取得战争的主动权。一般说来，高技术应用在战场上形成的信息差、空间差、时间差和精度差，是无法以增加普通兵器和军队数量来弥补的；相反，作战部队数量的相对不足，可以高技术武器装备为基础的质量优势来弥补，即通过提高单位战斗效率来提升战斗力。

战争实践表明，提高质量是部队建设的基本要求，在部队数量相差不大的情况下，质量高者获胜，质量差者失败；倘若不能形成同一质量层次的对抗，处于劣势的一方纵有再多的飞机、坦克、大炮，也可能失去还手之力。假定A的单位战斗力是B的一半，但是数量是B的3倍。假定B有1000人，A有3000人。如果是面对面的战斗，A方损失355人即可消灭掉B方的1000人。A需要先接近B再进行面对面的战斗，按兰彻斯特线性律，A付出1000人的代价歼灭B 500人以后接近B，在2000对500的近战中，付出130人的代价歼灭B方500人，总损失1130人对1000人。兰彻斯特方程没有考虑战场上的许多要素，并不完全，对局部的战役有参考价值，对整个战争的结局无能为力，在战争模拟的时候经常被使用，恩格尔曾经使用兰彻斯特方程模拟硫磺岛战役，计算结果与事实非常接近。

7.4 探照灯镜面设计问题

7.4.1 问题提出

在第一次世界大战和第二次世界大战期间，巨大的强力探照灯（图7-10）被大量用于战场。例如：作为防空武器的辅助，用来标记火炮的目标，以及用作海上舰艇的搜索工具。探照灯的操作员会试图用探照灯使轰炸机中队中的第一架飞机（也叫探路者）

的飞行员致盲。探路者的任务是，利用照明弹在目标周围产生圣诞树形状的标记，来引导后面的轰炸机进行投弹。如果探路者的飞行员被探照灯致盲，那么后面的轰炸机就不知道要如何投弹了。

图 7-10　第二次世界大战时期的防空探照灯

7.4.2　问题分析

探照灯的主要部件就是凹面镜，现求它所在的曲面方程。

求探照灯凹面镜的曲面方程，首先必须了解探照灯的光学特性，根据特性，利用光学知识在合适的坐标系下建立方程，其次求解方程，得到方程的特解，即是曲面方程的函数。

7.4.3　数学问题

探照灯的凹面镜具有聚光特性，它的镜面是一张旋转曲面，形状由 xOy 坐标面上的一条曲线 L 绕 x 轴旋转而成，按聚光性能的要求，在其旋转轴（x 轴）上一点 O 处发出的一切光线，经它反射后都与旋转轴平行，如图 7-11 所示，求曲线 L 的方程。

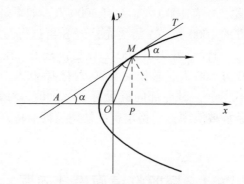

图 7-11　坐标系与探照灯聚光特性示意图

7.4.4　问题求解

首先建立合适的坐标系，其次根据探照灯的聚光特性建立方程，最后通过方程的求解获得旋转抛物面的方程。

将光源所在点取作坐标原点，见图 7-11。并设 $L: y = f(x) \ (y \geq 0)$，由入射角 = 反射

角,得
$$\angle OMA = \angle OAM = \alpha$$

故 $AO=OM$,而 $AO=AP-OP=y\cot\alpha-x=\dfrac{y}{y'}-x$,$OM=\sqrt{x^2+y^2}$,得微分方程

$$\frac{y}{y'}-x=\sqrt{x^2+y^2}$$

化为齐次微分方程为

$$\frac{\mathrm{d}x}{\mathrm{d}y}=\frac{x}{y}+\sqrt{1+\left(\frac{x}{y}\right)^2}$$

求解微分方程,令 $v=\dfrac{x}{y}$,则有

$$y\frac{\mathrm{d}v}{\mathrm{d}y}=\sqrt{1+v^2}$$

积分得

$$\ln(v+\sqrt{1+v^2})=\ln y-\ln C$$

即 $v+\sqrt{1+v^2}=\dfrac{y}{C}$,$\left(\dfrac{y}{C}-v\right)^2=1+v^2$,将 $yv=x$ 代入得

$$y^2=2C\left(x+\frac{C}{2}\right)$$

这就是微分方程的通解,其中 C 由初始条件确定。

以该函数曲线绕 x 轴旋转,并得到旋转抛物面方程 $y^2+z^2=2C\left(x+\dfrac{C}{2}\right)$。

7.4.5 结果分析

根据探照灯凹面镜的聚光特性,建立了微分方程 $\dfrac{y}{y'}-x=\sqrt{x^2+y^2}$,获得其通解为 $y^2=2C\left(x+\dfrac{C}{2}\right)$。该方程描绘函数的图形就是抛物线,对应的旋转抛物面方程 $y^2+z^2=2C\left(x+\dfrac{C}{2}\right)$。也就是说,只要将光源放在该抛物面的焦点处,经过旋转抛物面的反射,射出去的就是平行光线。

7.4.6 涉及知识点

齐次微分方程标准形 $\dfrac{\mathrm{d}y}{\mathrm{d}x}=\varphi\left(\dfrac{y}{x}\right)$ 的解法 令 $u=\dfrac{y}{x}$,$y=ux$,$\dfrac{\mathrm{d}y}{\mathrm{d}x}=u+x\dfrac{\mathrm{d}u}{\mathrm{d}x}$,代入原方程得 $u+x\dfrac{\mathrm{d}u}{\mathrm{d}x}=\varphi(u)$,分离变量 $\dfrac{\mathrm{d}u}{\varphi(u)-u}=\dfrac{\mathrm{d}x}{x}$,两边积分得 $\int\dfrac{\mathrm{d}u}{\varphi(u)-u}=\int\dfrac{\mathrm{d}x}{x}$,积分后再用 $\dfrac{y}{x}$ 代替 u,便得原方程的通解。

7.4.7 拓展应用

探照灯是一种装置，具有强大的光源以及一面能将光线集中投射于特定方向的凹面镜，用于远距离照明和搜索。它能借助反射镜或透镜使射出光束集中在很小的一个立体角内来获得较大光强。考虑装置的体积、重量与操作方便，探照灯多数附有脚架或是可移动的载具，大型探照灯甚至有专用的卡车做为载具。它广泛应用于户外远距离摄像、监控、监视、搜索、拯救、巡查、追踪以及海上作业等特殊要求。

探照灯在军事方面的使用开始于 19 世纪，日俄战争时双方的海军战舰都用探照灯于夜间搜寻敌方小型鱼雷艇。探照灯也常见于海防岸炮阵地与空防部队。第一次世界大战时，约翰·弗雷德里克·查尔斯·富勒首次使用探照灯制造所谓的"人造月光"来辅助夜战；第二次世界大战时也曾使用相同的战术。

第二次世界大战时期，探照灯曾被大量使用于对抗敌方的夜间空袭。当时的防空炮兵同时使用两具探照灯，由探照灯的仰角可以用三角函数计算出敌方轰炸机的确定高度，用以设定高射炮弹信管，达到最大的效果。探照灯对使用光学式投弹瞄准器的轰炸机也能造成相当程度的干扰。图 7-12 所示为放空探照灯与听音器组合。

图 7-12 放空探照灯与听音器组合

第二次世界大战时期，通用电气制造的探照灯使用陀螺仪式的灯架，内部采用直径达 152.4cm 镀铑的盘状凹面镜，最大输出高达 8 亿只烛光的碳电弧光源，配备专用的 15kW 柴油发电机，有效照距可达 45~56km。

由于电子监视设备技术的发展，探照灯的军事用途日渐减少。现今，探照灯多用于广告，例如汽车经销商的促销活动、电影的首映等。

7.5 武装泅渡的路线问题

7.5.1 问题提出

武装泅渡中受水环境的影响，比如水的流速的影响，最终的泅渡路线可能与规划的路线不一样。如何根据水流情况和自己的泅渡能力计算最终泅渡的路线呢？

7.5.2 问题分析

泅渡的路线是水的流动速度和泅渡者的流动速度的综合作用。一方面，流动速度既有大小，又有方向，需要作向量的合成和分解；另一方面，流动速度是最终轨迹的变化率，需要建立微分方程来求解。

7.5.3 数学问题

设河边点 O 的正对岸为点 A，河宽 $OA=h$ 米，两岸为平行直线，水流速度大小为 a 米/秒，方向平行于河岸，从上往下流。一泅渡者从点 A 游向点 O，设武装泅渡时（在静水中）的游速为 b ($b>a$) 米/秒，且游动方向始终朝着点 O，求泅渡者泅渡的轨迹方程。

7.5.4 问题求解

如图 7-13 所示建立坐标系，则

$$\boldsymbol{a}=(a,0)$$

设时刻 t 泅渡者位于点 $P(x,y)$，则他的游速 $\boldsymbol{b}$ 为

$$\boldsymbol{b}=-b\left(\frac{x}{\sqrt{x^2+y^2}},\frac{y}{\sqrt{x^2+y^2}}\right)$$

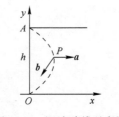

图 7-13 泅渡路线示意图

泅渡者的实际运动速度为

$$\boldsymbol{v}=\left(\frac{\mathrm{d}x}{\mathrm{d}t},\frac{\mathrm{d}y}{\mathrm{d}t}\right)=\boldsymbol{a}+\boldsymbol{b}=\left(a-\frac{bx}{\sqrt{x^2+y^2}},\frac{-by}{\sqrt{x^2+y^2}}\right)$$

于是

$$\frac{\mathrm{d}x}{\mathrm{d}y}=\frac{v_x}{v_y}=-\frac{a\sqrt{x^2+y^2}}{by}+\frac{x}{y}$$

变形为

$$\frac{\mathrm{d}x}{\mathrm{d}y}=-\frac{a}{b}\sqrt{\left(\frac{x}{y}\right)^2+1}+\frac{x}{y}$$

其初始条件为 $x(0)=h$。这是一个标准的齐次方程。

令 $x=uy$，则 $x'=u+yu'$，原方程化为

$$u+yu'=-\frac{a}{b}\sqrt{u^2+1}+u$$

分离变量，得

$$\frac{\mathrm{d}u}{\sqrt{u^2+1}}=-\frac{a}{b}\frac{\mathrm{d}y}{y}$$

积分，得

$$\ln(u+\sqrt{u^2+1})=cy^{-\frac{a}{b}}$$

化简，代入变量，得

$$x = \frac{c}{2} y^{-\frac{a}{b}+1} - \frac{1}{2c} y^{\frac{a}{b}+1}$$

代入初始条件后可得特解为

$$x = \frac{h^{\frac{a}{b}}}{2} y^{\frac{b-a}{b}} - \frac{1}{2h^{\frac{a}{b}}} y^{\frac{b+a}{b}}$$

7.5.5 结果分析

尽管泅渡者始终对准河对岸的 O 点游，受水流的影响，游出的轨迹却是一条曲线 $x = \frac{h^{\frac{a}{b}}}{2} y^{\frac{b-a}{b}} - \frac{1}{2h^{\frac{a}{b}}} y^{\frac{b+a}{b}}$。图 7-14 是河宽 $h = 200$m、水流速 $a = 0.5$m/s、游速 $b = 2$m/s 的泅渡曲线。

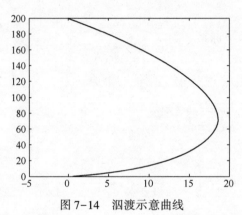

图 7-14 泅渡示意曲线

```
h = 200;              %河宽
a = 0.5;              %水流速
b = 2;                %游速
y = [ ];   x = [ ];
for i = 1:1000
    y(i) = i * h/1000;
    x(i) = 0.5 * h^(a/b) * y(i)^(1-a/b) - 0.5 * h^(-a/b) * y(i)^(1+a/b);
end
plot(x', y')          %作图
```

若想轨迹是一条垂直河对岸的直线，他的游泳方向该如何选择呢？（见 8.1 节）

7.5.6 涉及知识点

齐次微分方程标准形 $\frac{\mathrm{d}y}{\mathrm{d}x} = \varphi\left(\frac{y}{x}\right)$ 的解法 见 7.4.5 节。

7.5.7 拓展应用

实际中,水流和泅渡者的速度往往不能近似为常数,它们可能是坐标(x,y)或者时间t的函数,因此泅渡的最终速度$\boldsymbol{v}=\left(\dfrac{\mathrm{d}x}{\mathrm{d}t},\dfrac{\mathrm{d}y}{\mathrm{d}t}\right)=\boldsymbol{a}+\boldsymbol{b}=\left(a-\dfrac{bx}{\sqrt{x^2+y^2}},\dfrac{-by}{\sqrt{x^2+y^2}}\right)$也就是点的函数,最终不能换成齐次方程,也不一定可求得解析解。但是以该方法建立微分方程为基础,可求得微分方程的数值解,得到泅渡近似轨迹。

7.6 库房的通风换气问题

7.6.1 问题提出

密闭空间需要通风换气。地下洞库、装备库房等都是密闭空间,也都需要通风换气。通风换气过程中,探寻空气质量动态变化的一般规律具有很大的现实意义。

7.6.2 问题分析

密闭空间的气体在通风换气过程中是动态变化的,某种气体含量的变化率等于流进的变化率减去流出的变化率,依此可以建立微分方程进行建模分析。

7.6.3 数学问题

假设一装备库房体积为$V=10000\mathrm{m}^3$,开始时有一毒性气体的浓度为$r_0=0.12\%$。为了减小毒性气体浓度,现用一台风量为$v_0=1500\mathrm{m}^3/\mathrm{min}$的鼓风机通入新鲜空气,新鲜空气中含有有毒气体的浓度为$r_1=0.04\%$。设通入空气与原有气体混合均匀以相同风量排出,问鼓风机开动10min后,库房有毒气体的百分比降到多少?

7.6.4 问题求解

假设通入新鲜空气即与原气体混合均匀,库房中不同空间气体的浓度始终一致。根据有毒气体含量的变化率等于流进变化率减去流出变化率,于是可以建立关系式。

设有毒气体的浓度为$r=r(t)$,库房中有毒气体含量为$Vr(t)$,于是$Vr'(t)$表示有毒气体含量的变化率。另外换气中有毒气体流进的含量变化率为v_0r_1,流出的含量为$v_0r(t)$。因此可以建立如下微分方程:
$$Vr'(t)=v_0r_1-v_0r(t)$$
即是$r'(t)+\dfrac{v_0}{V}r(t)=\dfrac{v_0r_1}{V}$,这是一个标准的一阶线性非齐次微分方程。

于是求解这个方程,得
$$r(t)=\mathrm{e}^{-\int\frac{v_0}{V}\mathrm{d}t}\left[\int\dfrac{v_0r_1}{V}\mathrm{e}^{\int\frac{v_0}{V}\mathrm{d}t}\mathrm{d}t+C\right]$$
$$=\mathrm{e}^{-\frac{v_0}{V}t}\left[\int\dfrac{v_0r_1}{V}\mathrm{e}^{\frac{v_0}{V}t}\mathrm{d}t+C\right]$$

$$= e^{-\frac{v_0}{V}t}[r_1 e^{\frac{v_0}{V}t} + C]$$
$$= r_1 + Ce^{-\frac{v_0}{V}t}$$

代入初始条件 $r(0)=r_0$，可得 $C=r_0-r_1$。这样原方程的特解为

$$r(t)=r_1+(r_0-r_1)e^{-\frac{v_0}{V}t}$$

代入具体值 $V=10000\text{m}^3$，$r_0=0.12\%$，$v_0=1500\text{m}^3/\text{min}$，$r_1=0.04\%$，$t=10\text{min}$，经过计算得到 $r(10)=0.0579\%$。

编制 Matlab 计算程序：

r0 = 0.12;

r1 = 0.04;

v0 = 1500;

dt = 0.1;

t = [ ];

rt = [ ];

for i = 1:500

    t(i) = dt * i;

    rt(i) = r1+(r0-r1) * exp(-v0 * t(i)/V);

end

plot(t,rt)

得到的曲线如图 7-15 所示。

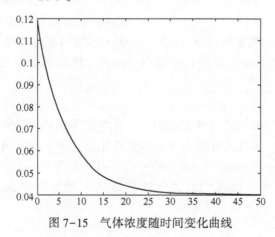

图 7-15 气体浓度随时间变化曲线

7.6.5 结果分析

根据有毒气体的变化率关系建立了一个带初始条件的一阶线性微分方程 $\begin{cases} r'(t)+\dfrac{v_0}{V}r(t)=\dfrac{v_0 r_1}{V} \\ r(0)=r_0 \end{cases}$，获得其通解为 $r(t)=r_1+(r_0-r_1)e^{-\frac{v_0}{V}t}$。该方程的解析解描述了有毒

气体浓度随时间的下降过程。

7.6.6 涉及知识点

一阶线性非齐次微分方程标准形 $y'+P(x)y=Q(x)$ 的解法为常数变异法

(1) 解齐次方程 $\dfrac{\mathrm{d}y}{\mathrm{d}x}+P(x)y=0$。

分离变量 $\dfrac{\mathrm{d}y}{y}=-P(x)\mathrm{d}x$，两边积分得

$$\ln|y|=-\int P(x)\mathrm{d}x+\ln|C|$$

故通解为

$$y=C\mathrm{e}^{-\int P(x)\mathrm{d}x}$$

(2) 解非齐次方程 $\dfrac{\mathrm{d}y}{\mathrm{d}x}+P(x)y=Q(x)$。

用常数变易法作变换：

$$y(x)=u(x)\mathrm{e}^{-\int P(x)\mathrm{d}x}$$

则

$$u'\mathrm{e}^{-\int P(x)\mathrm{d}x}-P(x)u'\mathrm{e}^{-\int P(x)\mathrm{d}x}+P(x)u\mathrm{e}^{-\int P(x)\mathrm{d}x}=Q(x)$$

即

$$\dfrac{\mathrm{d}u}{\mathrm{d}x}=Q(x)\mathrm{e}^{\int P(x)\mathrm{d}x}$$

两端积分，得

$$u=\int Q(x)\mathrm{e}^{\int P(x)\mathrm{d}x}\mathrm{d}x+C$$

故原方程的通解为

$$y=\mathrm{e}^{-\int P(x)\mathrm{d}x}\left[\int Q(x)\mathrm{e}^{\int P(x)\mathrm{d}x}\mathrm{d}x+C\right]$$

7.6.7 拓展应用

对物质的动态变化过程，常常可以用物质变化率的动态平衡关系建立微分方程，然后获得方程的解析解或者建立差分方程进行计算机模拟，从而获得物质的大致动态变化曲线，如液体、气体的混合过程。

7.7 子弹过墙的时间问题

7.7.1 问题提出

你看过子弹穿墙瞬间（图7-16）吗？高速的子弹击穿墙体后，速度通常会下降很多。你能在合理的假设条件下建立模型，求出子弹穿过墙的运动规律吗？

图 7-16　子弹穿墙瞬间

7.7.2　问题分析

子弹穿过墙体后速度会减小，主要受到了墙的阻力，因此可以合理假设墙对子弹的阻力，通过力学分析建立运动方程。

7.7.3　数学问题

设子弹以 200m/s 的速度射入厚 0.1m 的墙，受到的阻力大小与子弹的速度平方成正比，如果子弹穿出墙时的速度为 80m/s，求子弹穿过墙的时间。

7.7.4　问题求解

设子弹射入方向为 x 轴，子弹与墙的接触点为原点，根据受力分析，利用牛顿第二定律可得

$$m\frac{\mathrm{d}^2 x}{\mathrm{d}t^2} = -k\left(\frac{\mathrm{d}x}{\mathrm{d}t}\right)^2$$

初始条件为 $x(0)=0$，$x'(0)=200$，$x(t_1)=0.1$，$x'(t_1)=80$。这是一个可降阶的二阶微分方程。

令 $\dfrac{\mathrm{d}x}{\mathrm{d}t}=p(t)$，则 $\dfrac{\mathrm{d}^2 x}{\mathrm{d}t^2}=p'(t)$。于是原方程变为

$$mp'(t) = -kp^2(t)$$

分离变量为 $\dfrac{\mathrm{d}p(t)}{p^2(t)} = -\dfrac{k}{m}\mathrm{d}t$，在方程两边同时积分 $\int \dfrac{\mathrm{d}p(t)}{p^2(t)} = -\int \dfrac{k}{m}\mathrm{d}t$，则

$$-\frac{1}{p(t)} = -\frac{k}{m}t + C_1$$

带入初始条件 $p(0)=200$ 得 $C_1 = -\dfrac{1}{200}$。于是

$$p(t) = \frac{1}{\dfrac{k}{m}t + \dfrac{1}{200}}$$

即

$$x'(t) = \frac{1}{\dfrac{k}{m}t + \dfrac{1}{200}}$$

积分，得
$$x(t)=\frac{m}{k}\ln\left(\frac{k}{m}t+\frac{1}{200}\right)+C_2$$

代入初始条件 $x(0)=0$ 得 $C_2=\frac{m}{k}\ln 200$，所以原方程的特解为
$$x(t)=\frac{m}{k}\ln\left(\frac{200k}{m}t+1\right)$$

代入条件 $x(t_1)=0.1$，$x'(t_1)=80$，知
$$\begin{cases}\dfrac{m}{k}\ln\left(\dfrac{200k}{m}t_1+1\right)=0.1\\[2mm]\dfrac{1}{\dfrac{k}{m}t_1+\dfrac{1}{200}}=80\end{cases}$$

解得 $t_1=\dfrac{3}{4000\ln 2.5}\text{s}\approx 8.1852\times 10^{-4}\text{s}$，$\dfrac{k}{m}=10\ln 2.5$。

7.7.5 结果分析

通过建立初始条件的微分方程，并求解，不但求得了子弹穿墙的时间，而且求得 $\dfrac{k}{m}=10\ln 2.5$，也就是说通过该种方法，可以计算出平均阻力系数 $k=(10\ln 2.5)m$。

7.7.6 涉及知识点

可降阶高阶微分方程 $y''=f(x,y')$ **型的解法** 方程不含因变量 y，设 $y'=p(x)$，则 $y''=p'$，原方程化为一阶方程 $p'=f(x,p)$，设其通解为 $p=\varphi(x,C_1)$，则得 $y'=\varphi(x,C_1)$，再一次积分可得原方程的通解为
$$y=\int\varphi(x,C_1)\text{d}x+C_2$$

7.7.7 拓展应用

子弹侵彻力又称为贯穿力或者穿透力，是指弹头钻入或穿透物体的能力。其大小主要取决于弹头质量、弹头的截面密度以及命中物体时的速度，通常以穿透一定物体的深度来表示。现代步枪弹的侵彻力一般都比较强，例如北约 7.62×51（7.62 代表子弹的口径，51 代表弹壳的长度，单位是 mm）子弹可以在 100m 内贯穿 6mm 厚的匀质钢板。

子弹停止力是指弹头命中目标后，令目标失去活动能力的效力。停止力越强，目标失去活动能力的时间越多；停止力越弱，目标失去活动能力的时间越少。由于人体的结构比较复杂，因此命中不同部位会产生不同的效果。停止力与侵彻力不一样，无法用一个统一的标准进行衡量。

一般而言以下几个指标有助于客观认识停止力的大小：达能效应是指弹头射入人体后能量释放到达人体的效果，理论上来说达能效应越高，则弹头本身能量作用于人体的比例越高，那么停止能力就越好。子弹进入人体后，由于冲击波和自身动能的剪切作

用，往往会形成一个大于弹头体积本身的空腔。由于人体的肌肉是有弹性的，在子弹通过之后肌肉就会收缩恢复，因此子弹通过瞬间所形成的空腔被称为瞬时空腔，而子弹穿透人体后所形成的创伤空腔则被称为永久空腔。一般来说，瞬时空腔越大则停止力越大，而永久空腔越大则造成的人体伤害越大。空腔试验是研究弹头杀伤力的重要实验依据，在实验中一般射击明胶、肥皂、泥胶等与人体肌肉介质接近的物品来判定瞬时空腔的大小，因为此类实验物本身不具有弹性，射击后形成的空腔即为瞬时空腔。而要判定永久空腔，则需要使用猪、狗一类活体实验物进行实验，可以通过实验动物的创伤来判定子弹造成永久空腔的大小，以及对肌肉骨骼的伤害程度。

侵彻力和停止力之间往往相互矛盾，如果侵彻力过强则可能在射中目标后穿透目标身体，并带走大部分能量，然而过度追求停止力则可能导致侵彻力下降严重。所以在设计子弹的时需要平衡两者的关系。

7.8 鱼雷打击敌舰问题

7.8.1 问题提出

敌舰在我某海域航行，我军舰（图7-17）发现敌舰后，我方什么时候发射鱼雷才能击中敌舰？

图7-17 某型军舰

7.8.2 问题分析

有一颗鱼雷，以初速度v_0向敌舰发射，鱼雷要想击中敌舰，除有方向要求外，还有速度的要求，同时还要考虑到位移关系。假定鱼雷在运动过程中，除了重力的作用外，没有其他任何作用力。鱼雷向敌舰追击的轨迹不是直线，而应是一条曲线，且鱼雷的行驶方向（速度方向）始终指向敌舰；行驶过程根据敌舰方位改变行驶方向（速度方向），鱼雷能否击中敌舰，由鱼雷追击的轨迹与敌舰的轨迹是否有交点决定。这是一个速度与位移的关系问题,速度是路程对时间的导数。

7.8.3 数学问题

一敌舰在某海域内沿着正北方向航行时,我方战舰恰好位于敌舰的正西方向 1km 处。我舰向敌舰发射制导鱼雷,敌舰速度为 0.42km/min,鱼雷速度为敌舰速度的 5 倍。试问敌舰航行多远时被击中?

7.8.4 问题求解

敌舰为动点 Q,初始点在 $A(1,0)$ 处,鱼雷为动点 P,初始点在 $P_0(0,0)$ 处,如图 7-18 所示。敌舰的速度为 v_0,鱼雷的追击曲线为 $y=y(x)$,在时刻 t,鱼雷在点 $P(x,y)$ 处,此时敌舰在点 $Q(1,v_0 t)$ 处。

1. 建立函数关系

由于鱼雷在追击过程中始终指向敌舰,而鱼雷的运动方向正好是沿曲线 $y=y(x)$ 的切线方向,得到鱼雷总体运动方向方程:

$$\frac{dy}{dx}=\frac{v_0 t-y}{1-x}$$

即

$$v_0 t-y=(1-x)\frac{dy}{dx} \tag{7-3}$$

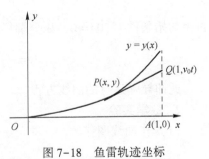

图 7-18 鱼雷轨迹坐标

鱼雷行驶的速度为 $5v_0$,而且可分为水平方向运动和垂直方向运动:

$$\sqrt{\left(\frac{dx}{dt}\right)^2+\left(\frac{dy}{dt}\right)^2}=5v_0 \tag{7-4}$$

对式 (7-3) 两边同时对 x 求导,得

$$v_0\frac{dt}{dx}-\frac{dy}{dx}=(1-x)\frac{d^2 y}{dx^2}-\frac{dy}{dx}$$

将式 (7-4) 化为

$$\frac{dt}{dx}=\frac{1}{5v_0}\sqrt{1+\left(\frac{dy}{dx}\right)^2}$$

代入,得

$$\frac{d^2 y}{dx^2}=\frac{\sqrt{1+\left(\frac{dy}{dx}\right)^2}}{5(1-x)}$$

导弹追踪方程为

$$(1-x)y''=\frac{1}{5}\sqrt{1+y'^2} \tag{7-5}$$

初始条件为

$$y(0)=0, \quad y'(0)=0$$

降阶法，令 $y'=p(x)$，则 $y''=p'$，则式（7-5）变为

$$(1-x)\frac{\mathrm{d}p}{\mathrm{d}x}=\frac{1}{5}\sqrt{1+p^2}$$

分离变量：

$$\frac{\mathrm{d}p}{\sqrt{1+p^2}}=\frac{1}{5}\frac{\mathrm{d}x}{(1-x)}$$

两端积分，得

$$\ln(p+\sqrt{1+p^2})=\frac{-\ln(1-x)}{5}+C_1,\ y'|_{x=0}=p|_{x=0}=0$$

于是有

$$y'=p=-\frac{1}{2}(1-x)^{\frac{1}{5}}-\frac{1}{2}(1-x)^{-\frac{1}{5}}$$

再由初始条件 $y'(0)=0$，积分解得

$$y=-\frac{5}{8}(1-x)^{\frac{4}{5}}+\frac{5}{12}(1-x)^{\frac{6}{5}}+\frac{5}{24}$$

此即导弹运行的曲线方程。

2. 数学实验

（1）作曲线图：

```
clear
x=0:0.01:1;
y=-5*(1-x).^(4/5)/8+5*(1-x).^(6/5)/12+5/24;
plot(x,y,'*')
```

（2）求微分方程：

```
m=1;
a=1/60;
b=5/60;
d=0.01;
dt=0.12;
t=0;
jstx=0;
jsty=0;
zscx=m;
zscy=0;
hold on
axis([0,3,0,0.3])
while (sqrt((jstx-zscx)^2+(jsty-zscy)^2)>d)
    t=t+dt;
    jstx=jstx+b*dt*(1-jstx)/sqrt((1-jstx)^2+(a*t-jsty)^2);
```

```
            jsty = jsty+b * dt * ( a * t-jsty)/sqrt( ( 1-jstx)^2+( a * t-jsty)^2);
            zscy = a * t;
            plot( jstx,jsty,'r+',zscx,zscy,'b * ')
            pause(0.2)
end
jstx,jsty,zscx,zscy,t
```

得到的结果为

jstx = 0.9985　　jsty = 0.2090　　zscx = 1　　zscy = 0.2060

鱼雷的运行轨迹如图 7-19 所示。

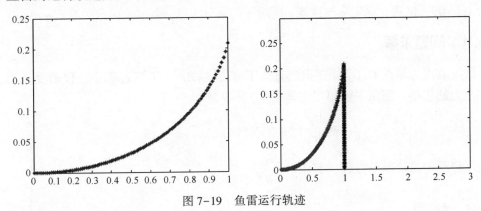

图 7-19　鱼雷运行轨迹

7.8.5　结果分析

当 $x=1$ 时，$y=\dfrac{5}{24}$，即当敌舰航行到点 $\left(1,\dfrac{5}{24}\right)$ 处时被导弹击中，被击中时间为 $t=\dfrac{y}{v_0}=\dfrac{5}{24v_0}$，若 $v_0=1$，则在 $t=0.21\mathrm{s}$ 处被击中。

7.8.6　涉及知识点

可分离变量微分方程 $\dfrac{\mathrm{d}y}{\mathrm{d}x}=f(x)g(y)$ **的解法**　　见 7.1.6 节。

可降阶高阶微分方程 $y''=f(x,y')$ **型的解法**　　见 7.7.6 节。

7.9　海军探测仪下沉速度问题

7.9.1　问题提出

海军在航海时，经常要探测海中的障碍物，需要将探测仪放入海中，问探测仪下沉过程中其深度和速度的关系怎样？

7.9.2 问题分析

从船上向海中沉放某种探测仪器，按探测要求，需确定仪器的下沉深度 y（从海平面算起）与下沉速度 v 之间的函数关系。设仪器在重力作用下，从海平面由静止开始铅直下沉，在下沉过程中还受到阻力和浮力的作用，应用牛顿第二定律建立速度和深度之间的函数关系。

7.9.3 数学问题

假定探测仪在下沉过程中，除了重力的作用外，还受到阻力和浮力的作用。设仪器的质量为 m，体积为 B，海水相对密度为 ρ，仪器所受的阻力与下沉速度成正比，比例系数为 $k(k>0)$。试建立深度 y 与速度 v 所满足的微分方程，并求出函数关系式 $y=y(v)$。

7.9.4 问题求解

取沉放点为原点 O，Oy 轴正向铅直向下（图 7-20），下沉过程中，仪器受重力、阻力和浮力的作用，则由牛顿第二定律得

$$m\frac{d^2y}{dt^2} = mg - B\rho - kv$$

这是可降阶的二阶微分方程，其中 $v = \dfrac{dy}{dt}$。

令 $\dfrac{dy}{dt} = v$，则

$$\frac{d^2y}{dt^2} = \frac{dv}{dy} \cdot \frac{dy}{dt} = v\frac{dv}{dy}$$

于是原方程可化为

$$mv\frac{dv}{dy} = mg - B\rho - kv$$

图 7-20 探测仪下沉坐标系

分离变量得

$$dy = \frac{mv}{mg - B\rho - kv}dv$$

积分得

$$y = -\frac{m}{k}v - \frac{m(mg - B\rho)}{k^2}\ln(mg - B\rho - kv) + C$$

再根据初始条件 $v|_{y=0} = 0$，得

$$C = \frac{m(mg - B\rho)}{k^2}\ln(mg - B\rho)$$

故所求函数关系为

$$y = -\frac{m}{k}v - \frac{m(mg - B\rho)}{k^2}\ln\frac{mg - B\rho - kv}{mg - B\rho}$$

7.9.5 结果分析

由于受到阻力和浮力的影响,物体在海中下沉比在空中下降要慢得多,下降的深度与速度成正比。

7.9.6 涉及知识点

可分离变量微分方程 $\dfrac{\mathrm{d}y}{\mathrm{d}x}=f(x)g(y)$ 的解法 见 7.1.6 节。

可降阶高阶微分方程 $y''=f(y,y')$ 的解法 令 $y'=p(y)$,则

$$y''=\frac{\mathrm{d}p}{\mathrm{d}x}=\frac{\mathrm{d}p}{\mathrm{d}y}\frac{\mathrm{d}y}{\mathrm{d}x}=p\frac{\mathrm{d}p}{\mathrm{d}y}$$

故方程化为

$$p\frac{\mathrm{d}p}{\mathrm{d}y}=f(y,p)$$

设其通解为 $p=\varphi(y,C_1)$,即得

$$y'=\varphi(y,C_1)$$

分离变量后积分,得原方程的通解为

$$\int\frac{\mathrm{d}y}{\varphi(y,C_1)}=x+C_2$$

7.10 野营部队战士晒衣服的绳子问题

7.10.1 问题提出

野营部队的战士在野外洗完衣服后要晾晒,需要在两个柱子之间拉一根绳子,分析绳子自然下垂的状态。另外,战士往往要通过绳索过河,物资通过绳索滑动过江等,在没有重物情况下,绳子都出现自然下垂状态,绳子可以看成曲线,求绳子下垂的曲线方程。

7.10.2 问题分析

由于绳子在重力和两端拉力的作用下呈现出一根弧线,由物理分析可知,绳子处处受力平衡,由此可以进行受力分析。首先应建立合适的坐标系,如图 7-21 所示,其次对绳索进行受力分析,建立平衡方程,最后求解方程,获得特解,即绳子曲线方程。

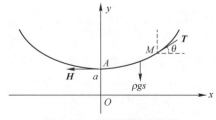

图 7-21 悬链线受力分析

7.10.3 数学问题

在一条不可伸缩的、柔软的绳索,两端固定,绳索在自身重力的作用下成自然下垂状态,求绳索在自然状态下所在曲线的方程。

7.10.4 问题求解

考查最低点 A 到任意点 $M(x,y)$ 弧段的受力情况,A 点受水平张力 $\boldsymbol{H}$,M 点受切向张力 $\boldsymbol{T}$,弧段 AM 重力大小为 $\rho g s$,其中 ρ 为绳索的线密度,s 为 AM 的弧长。

按静力平衡条件,有

$$\boldsymbol{T}\cos\theta = \boldsymbol{H}, \boldsymbol{T}\sin\theta = \rho g s$$

两式相除得 $\tan\theta = \dfrac{\rho g}{H}s$ $\left(\diamondsuit\ k = \dfrac{H}{\rho g},\ \text{这是与点 } M \text{ 的位置无关的常量}\right)$,其中 $\tan\theta = \dfrac{dy}{dx}$,$s = \int_0^x \sqrt{1+(y')^2}\,dx$。故有

$$y' = \frac{1}{k}\int_0^x \sqrt{1+y'^2}\,dx \to$$

$$y'' = \frac{1}{k}\sqrt{1+y'^2}$$

设 $|OA| = a$,则得定解问题为

$$\begin{cases} y'' = \dfrac{1}{k}\sqrt{1+y'^2} \\ y|_{x=0} = a,\ y'|_{x=0} = 0 \end{cases}$$

这是一个带初始条件的不含 x 或者 y 的可降阶的二阶微分方程。

令 $y' = p(x)$,则 $y'' = \dfrac{dp}{dx}$,原方程化为可分离变量的微分方程

$$\frac{dp}{\sqrt{1+p^2}} = \frac{1}{k}dx$$

两端积分,得

$$\operatorname{Arsh} p = \frac{x}{k} + C_1$$

其中

$$\operatorname{Arsh} p = \ln(p+\sqrt{1+p^2})$$

由 $|y'|_{x=0} = 0$,得 $C_1 = 0$,则有

$$y' = \operatorname{sh}\frac{x}{k}$$

这仍然是一个可分离变量的微分方程,两端积分得

$$y = k\operatorname{ch}\frac{x}{k} + C_2$$

由 $|y|_{x=0} = a$,得 $C_2 = a-k$,故所求绳索的形状为

$$y = k\mathrm{ch}\frac{x}{k} + a - k = \frac{k}{2}(\mathrm{e}^{\frac{x}{k}} + \mathrm{e}^{-\frac{x}{k}}) + a - k$$

这就是悬链线曲线，$k = \dfrac{H}{\rho g}$ 为悬链线系数。一般地，悬链线的标准方程被写作为 $y = k\mathrm{ch}\dfrac{x}{k}$。

作悬链线曲线的 Matlab 程序如下：

```
a=2;
H=0.1;
g=9.8;
p=0.00001
k=H/(p*g);
x=-10:0.1:10
y=k/2*(exp(x./k)+exp(-x./k))+a-k;
plot(x,y)
```

得到的悬链线曲线如图 7-22 所示。

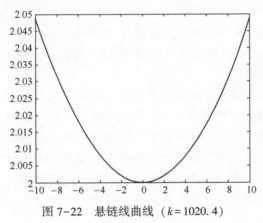

图 7-22　悬链线曲线（$k = 1020.4$）

7.10.5　结果分析

战士在野外两个柱子之间拉一根绳子的自然状态为悬链线曲线，它是双曲余弦函数 $y = k\mathrm{ch}\dfrac{x}{k}$ 的图像，其中 $k = \dfrac{H}{\rho g}$ 与图 7-21 中 A 点的水平张力和线密度有关。

7.10.6　涉及知识点

$y'' = f(x, y')$ 型和 $y'' = f(y, y')$ 型微分方程的解法　分别见 7.7.6 节和 7.9.6 节。

7.10.7　拓展应用

悬链线的原理可以用到悬索桥、双曲拱桥、架空电缆，还可以利用它计算锚线的参数。悬链线在工程上对内力与支承有影响，令工程建筑更稳定。图 7-23 所示为铁链形式的悬链线，图 7-24 所示为蜘蛛丝形成的悬链线。

图 7-23　铁链形式的悬链线　　　　图 7-24　蜘蛛丝形成多个近似的悬链线

7.11　动能导弹穿甲简化模型

7.11.1　问题提出

在美军的作战模式中，防空任务一般都是由空军负责的，因此美国陆军的地面野战防空系统一直比较薄弱。为了增强陆军的防空能力，美国于 1985 年开始实施前沿地域防空系统（FAADS）计划。该计划虽然最后被取消了，但其中的防空和反坦克系统（ADATS）项目后来却用于直瞄反坦克导弹的基础研究，其成果也为**直瞄反坦克导弹**的顺利发展打下了坚实基础。

为进一步提高陆军的装甲系统现代化建设和增强反坦克能力，并希望使用新型武器攻击坦克炮射程以外的坦克和装甲车、工事掩体以及飞机，美国于 20 世纪 80 年代后期开始正式研制直瞄反坦克导弹。直瞄反坦克导弹与以往的反坦克导弹不同，它改变了过去反坦克导弹打击装甲目标的手段。现有的反坦克导弹多采用聚能装药战斗部，靠炸药聚能效应所形成的高温、高速、高压金属射流来击穿坦克装甲。而直瞄反坦克导弹依靠超快的飞行速度和强大动能，使用长杆弹芯直接击穿重型装甲，是一种"命中即击毁"型的导弹。

因此，导弹的类型就成了直瞄反坦克导弹与一般现役反坦克导弹之间最大的差别，直瞄反坦克导弹是动能导弹。图 7-25 为导弹发射瞬间。

图 7-25　导弹发射

7.11.2 问题分析

直瞄反坦克导弹击穿装甲主要靠自身的质量和飞行速度,将强大的动能转化为巨大的冲力,在阻力作用下,导弹为减速运动,可以利用牛顿力学定律建立方程求解。

7.11.3 数学问题

某导弹战斗部的质量为110kg,它以1200m/s的速度射入某坦克装甲。问装甲厚度至少为多少毫米时,该型号导弹才不能击穿坦克装甲?已知该战斗部所受阻力与速度的大小成正比,阻力系数为$4.0×10^6$kg/s。

7.11.4 问题求解

为简化运算,可以认为导弹在穿甲过程中,战斗部仅受阻力作用,因此可以根据牛顿第二定律建立微分方程求解。

设导弹战斗部的质量m,阻力系数为μ,根据战斗部所受阻力与速度的大小成正比,由牛顿力学定律可知

$$m\frac{d^2 S}{dt^2} = -\mu \frac{dS}{dt}$$

于是转化为求解下面的二阶常系数线性齐次微分方程:

$$\frac{d^2 S}{dt^2} + \frac{\mu}{m} \frac{dS}{dt} = 0$$

其中初始条件为$S(0)=0$,$S'(0)=v_0$。该微分方程的特征方程为$\lambda^2 + \frac{\mu}{m}\lambda = 0$,特征根为$\lambda_1 = 0$,$\lambda_2 = -\frac{\mu}{m}$。所以,微分方程的通解为

$$S(t) = c_1 + c_2 e^{-\frac{\mu}{m}t}$$

代入初始条件,可得微分方程的特解为

$$S = \frac{mv_0}{\mu}(1 - e^{-\frac{\mu}{m}t})$$

从而,战斗部穿过的距离

$$|S(t)| < \frac{mv_0}{\mu} = \frac{110 \times 1200}{4.0 \times 10^6} = 33\text{mm}$$

所以舰艇装甲厚度应大于33mm时,才不能被导弹击穿。

7.11.5 结果分析

经过简化假设和运算,获得了直瞄反坦克导弹穿甲厚度与时间的函数关系$S = \frac{mv_0}{\mu}(1 - e^{-\frac{\mu}{m}t})$,于是$|S(t)| < \frac{mv_0}{\mu}$,这就是获得了简化的穿甲厚度近似计算公式,它与战斗部的质量和速度均成正比。直瞄反坦克导弹要获得较高的穿甲厚度,必须提高战斗部的

质量或者速度。

7.11.6 涉及知识点

常系数线性齐次微分方程 $y''+py'+qy=0$（p，q 为常数）的解法 特征根法。

写出特征方程为 $r^2+pr+q=0$，解得特征根 r_1,r_2。根据特征根的不同情况写出方程的通解。公式如表 7-1 所示。

表 7-1 二阶常系数线性齐次微分方程的解

特 征 根	通 解
$r_1 \neq r_2$ 实根	$y=C_1\mathrm{e}^{r_1x}+C_2\mathrm{e}^{r_2x}$
$r_1=r_2=-\dfrac{p}{2}$	$y=(C_1+C_2x)\mathrm{e}^{r_1x}$
$r_{1,2}=\alpha\pm\mathrm{i}\beta$	$y=\mathrm{e}^{\alpha x}(C_1\cos\beta x+C_2\sin\beta x)$

以上结论可推广到高阶常系数线性齐次微分方程。

7.11.7 拓展应用

动能导弹的基本构造与以往的反坦克导弹的爆炸成形弹头不同，它使用的是穿甲弹和高硬度弹芯，而且依靠强大的动能具有极快的飞行速度，从而有效击毁对方坦克。换句话说，动能导弹拥有坦克穿甲弹和导弹两者的特性，它能够有效击毁坦克上的被动装甲、复合装甲和主动防护系统，而以往的反坦克导弹对付上述装甲明显不足。

由于动能导弹的飞行速度极快，因此它也称为超高速导弹。最新型"陶"式反坦克导弹的速度为 330m/s，而直瞄反坦克导弹的飞行速度则达到 1524m/s，3000m 的距离只用 2s 就可到达。在这短暂的 2s 内，敌人很难捕捉到反坦克导弹的发射地点，更不用说反击了。

从 1990 年开始，美国在白沙导弹试验场已发射了约 20 枚动能导弹，进行了技术验证试验。试验结果显示，动能导弹不仅对坦克上的复合装甲非常有效，而且还能击毁防御掩体和直升机。

再来看一下动能导弹的构造。按照从前往后的顺序，动能导弹由弹头（穿甲弹芯）、制导组件、动力装置、制导信号处理单元及点火控制装置、滚动传感器、火箭发动机、展开式尾翼、激光接收机组成。

动能导弹的弹体内没有炸药、引信以及各种目标探测传感器，它所依靠的是超高速的动能，直接撞击目标产生强大的杀伤力。因此，探测和捕捉目标的传感器直接安装在车辆内，这样做不仅简化了导弹的构造，而且降低了成本。

动能导弹的主体是长杆穿甲弹芯，由高密度碳化钨或贫铀合金制成，重 2.2～2.7kg。高密度碳化钨和贫铀合金各有千秋：高密度碳化钨密度高，穿甲性能强，已成为欧洲穿甲弹的标准材料；贫铀合金密度更大，穿甲特性也比碳化钨强，但它具有可燃性，而且它的放射性物质会污染环境，危害人员的安全。

由于导弹的射程比炮弹远，因此为了保证导弹实时准确的射击，有必要在导弹飞行过程中对其飞行轨道进行修正，为此专门在弹体内安装了姿态控制器。

7.12 军用汽车中的振动方程问题

7.12.1 问题提出

振动行业与国防军工有直接命脉关系。如军用汽车在高强度的振动中保持相对平衡；导弹在运行中要避免振动；舰船在大海中航行也要避免剧烈的波动。

军用汽车能超越一般汽车在崎岖的戈壁上自由飞驰，其减震装置的性能是一个最大的保障。在军用汽车的减震装置（图 7-26）中，最核心的器件就是弹簧振子，当它受力压缩或者拉伸后，它就作简谐振动。事实上，振动无处不在，大量的武器装备都有振动装置，而且它们都需要经过振动试验来确保武器装备的可靠性。

图 7-26　军车的减震装置

7.12.2 问题分析

总所周知，振动最基本的运动规律遵循虎克定律，获得弹簧的弹性恢复力，现需求它的运动规律，可以通过弹簧振子的受力分析并结合牛顿力学定律，建立运动方程来求解。

7.12.3 数学问题

质量为 m 的物体自由悬挂在一端固定的弹簧上，当重力与弹性力抵消时，物体处于平衡状态，若用手向下拉物体使它离开平衡位置后放开，物体在弹性力与阻力作用下作往复运动，假设阻力的大小与运动速度成正比，方向相反，建立位移满足的微分方程，并求解。

7.12.4 问题求解

思路：首先，求运动规律，需要建立坐标系；然后，要分析弹簧振动过程中的受力情况，除了弹性恢复力，还有哪里作用力；其次，根据牛顿第二定律，建立弹簧的运动方程；最后，求解微分方程，并对结果进行分析。

过程：取平衡时物体的位置为坐标原点，建立坐标系，见图 7-27。设时刻 t 物位移为 $x(t)$。

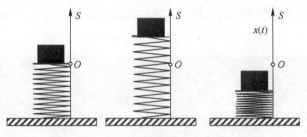

图 7-27 弹簧振子及坐标系

1. 自由振动情况

物体所受的力有弹性恢复力 $f = -cx$（虎克定律），阻力 $R = -\mu \dfrac{\mathrm{d}x}{\mathrm{d}t}$。根据牛顿第二定律得

$$m\frac{\mathrm{d}^2 x}{\mathrm{d}t^2} = -cx - \mu \frac{\mathrm{d}x}{\mathrm{d}t}$$

令 $2n = \dfrac{\mu}{m}$，$k^2 = \dfrac{c}{m}$，则得有阻尼自由振动方程

$$\frac{\mathrm{d}^2 x}{\mathrm{d}t^2} + 2n\frac{\mathrm{d}x}{\mathrm{d}t} + k^2 x = 0 \text{。}$$

假设 $n = 0$，没有阻力，即是无阻尼自由振动，微分方程变为

$$\frac{\mathrm{d}^2 x}{\mathrm{d}t^2} + k^2 x = 0$$

其特征方程为 $r^2 + k^2 = 0$，所以特征根为 $r_{1,2} = \pm \mathrm{i}k$，方程通解为

$$x = C_1 \cos kt + C_2 \sin kt$$

设初始条件当 $t = 0$ 时，物体的位置为 $x = x_0$，初始速度为 v_0，可得 $C_1 = x_0$，$C_2 = \dfrac{v_0}{k}$，故所求特解

$$x = x_0 \cos kt + \frac{v_0}{k} \sin kt = A\sin(kt + \varphi)$$

这就是简谐振动。其中振幅 $A = \sqrt{x_0^2 + \dfrac{v_0^2}{k^2}}$，$\varphi$ 为初相，$\tan\varphi = \dfrac{kx_0}{v_0}$，周期 $T = \dfrac{2\pi}{k}$，固有频率

$k=\sqrt{\dfrac{c}{m}}$。

假设 $n \neq 0$，有阻力，即是有阻尼自由振动。此时方程 $\dfrac{d^2x}{dt^2}+2n\dfrac{dx}{dt}+k^2x=0$ 的特征方程为
$$r^2+2nr+k^2=0$$
特征根为 $r_{1,2}=-n\pm\sqrt{n^2-k^2}$。这时需分三种情况讨论。

小阻尼：当 $n<k$ 时，$x=e^{-nt}(C_1\cos\omega t+C_2\sin\omega t)$，$(\omega=\sqrt{k^2-n^2})$，由初始条件确定任意常数后变形得
$$x=Ae^{-nt}\sin(\omega t+\varphi)$$
其中运动周期 $T=\dfrac{2\pi}{\omega}$，振幅 Ae^{-nt}，说明衰减很快，随时间 t 的增大，物体趋于平衡位置。

大阻尼：当 $n>k$ 时，$x=C_1e^{r_1t}+C_2e^{r_2t}$，其中 $r_{1,2}=-n\pm\sqrt{n^2-k^2}=-(n\mp\sqrt{n^2-k^2})<0$，无振荡现象，对任何初始条件 $\lim\limits_{t\to+\infty}x(t)=0$，即随着时间 t 的增大，物体总趋于平衡位置。

临界阻尼：当 $n=k$ 时，$x=(C_1+C_2t)e^{-nt}$，任意常数由初始条件确定，无论 C_1、C_2 取何值，都有 $x(t)$ 最多只与 t 轴交于一点，无振荡现象，$\lim\limits_{t\to+\infty}x(t)=\lim\limits_{t\to+\infty}(C_1+C_2t)e^{-nt}=0$，即随时间 t 的增大，物体总趋于平衡位置。

2. 强迫振动情况

若物体在运动过程中还受铅直外力 $F=H\sin pt$ 的作用，令 $h=\dfrac{H}{m}$，则得强迫振动方程
$$\dfrac{d^2x}{dt^2}+2n\dfrac{dx}{dt}+k^2x=h\sin pt$$

若设物体只受弹性恢复力 f 和铅直干扰力 $F=h\sin pt$ 的作用，则问题归结为求解无阻尼强迫振动方程
$$\dfrac{d^2x}{dt^2}+k^2x=h\sin pt$$

当 $p\neq k$ 时，齐次通解为
$$X=C_1\sin kt+C_2\cos kt=A\sin(kt+\varphi)$$
非齐次特解形式为
$$x^*=a\sin pt+b\cos pt$$
代入无阻尼强迫振动方程可得
$$a=\dfrac{h}{k^2-p^2},\quad b=0$$
因此原方程的解为
$$x=A\sin(kt+\varphi)+\dfrac{h}{k^2-p^2}\sin pt$$

该解包括的两项分别为自由振动和强迫振动。当干扰力的角频率 $p \approx$ 固有频率 k 时，振幅 $\left|\dfrac{h}{k^2-p^2}\right|$ 将很大。

当 $p=k$ 时，非齐次特解形式 $x^* = t(a\sin kt + b\cos kt)$，代入无阻尼强迫振动方程可得 $a=0, b=-\dfrac{h}{2k}$，无阻尼强迫振动方程的解为

$$x = A\sin(kt+\varphi) - \dfrac{h}{2k}t\cos kt$$

显见，随着 t 的增大，强迫振动的振幅 $\dfrac{h}{2k}t$ 可无限增大，这时产生共振现象，若要避免共振现象，应使 p 远离固有频率 k，若要利用共振现象，应使 p 与 k 尽量靠近，或使 $p=k$，对机械来说，共振可能引起破坏作用，如桥梁被破坏、电机机座被破坏等，但对电磁振荡来说，共振可能起有利作用，如收音机的调频放大即是利用共振原理。

7.12.5 结果分析

通过建立弹簧的线性齐次微分方程，获得的解表明：自由无阻尼的自由振动，弹簧做周期运动；有阻尼时，振动将不断衰减，最后停止；如果做无阻尼的强迫振动，在外力的作用下，弹簧振动是周期运动和强迫振动的叠加，其中强迫振动的频率对振动有决定性的影响。

7.12.6 涉及知识点

常系数线性非齐次微分方程的解法

（1）二阶常系数齐次线性微分方程 $y''+py'+qy=0$（p,q 为常数）的解法，见 7.11.6 节。

（2）二阶常系数非齐次线性微分方程 $y''+py'+qy=f(x)$（p,q 为常数）的解法。根据解的结构定理其通解为 $y=Y+y^*$，其中 Y 为对应的齐次为微分方程 $y''+py'+qy=0$ 的通解，y^* 为原非齐次微分方程的一个特解。

求特解（y^*）的方法——待定系数法：根据 $f(x)$ 的特殊形式，给出特解 y^* 的待定形式，代入原方程比较两端表达式以确定待定系数。

对非齐次方程 $y''+py'+qy=e^{\lambda x}P_m(x)$，当 λ 是特征方程的 k 重根时，可设特解

$$y^* = x^k Q_m(x) e^{\lambda x} \quad (k=0,1,2)$$

对非齐次方程 $y''+py'+qy = e^{\lambda x}[P_l(x)\cos\omega x + \widetilde{P}_n(x)\sin\omega x]$（$p,q$ 为常数），$\lambda+i\omega$ 为特征方程的 k 重根（$k=0,1$），可设特解

$$y^* = x^k e^{\lambda x}[R_m\cos\omega x + \widetilde{R}_m\sin\omega x]$$

式中：$m = \max\{n,l\}$。

7.12.7 拓展应用

简谐运动（Simple harmonic motion） 是最基本、最简单的机械振动。当某物体进行简谐运动时，物体所受的力跟位移成正比，并且总是指向平衡位置。它是一种由自身

系统性质决定的周期性运动。

狭义的振动指机械振动，即力学系统中的振动。电磁振动习惯上称为振荡。而**广义的振动**是指描述系统状态的参量（如位移、电压）在其基准值上下交替变化的过程。按系统运动自由度分，有单自由度系统振动（如钟摆的振动）和多自由度系统振动。有限多自由度系统与离散系统相对应，其振动由常微分方程描述；无限多自由度系统与连续系统（如杆、梁、板、壳等）相对应，其振动由偏微分方程描述。方程中不显含时间的系统称自治系统；显含时间的称非自治系统。按系统受力情况分，有自由振动、衰减振动和受迫振动。按弹性力和阻尼力性质分，有线性振动和非线性振动。振动又可分为确定性振动和随机振动，后者无确定性规律，如车辆行进中的颠簸。振动是自然界和工程界常见的现象。振动的消极方面是影响仪器设备功能，降低机械设备的工作精度，加剧构件磨损，甚至引起结构疲劳破坏；振动的积极方面是有许多需利用振动的设备和工艺（如振动传输、振动研磨、振动沉桩等）。振动分析的基本任务是讨论系统的激励（即输入，指系统的外来扰动，又称干扰）、响应（即输出，指系统受激励后的反应）和系统动态特性（或物理参数）三者之间的关系。20世纪60年代以后，计算机和振动测试技术的重大进展，为综合利用分析、实验和计算方法解决振动问题开拓了广阔的前景。

在苏州高科技园区陈列的成果展览区内，有众多振动试验仪器，这些振动平台吨级大小不同，但是功能异曲同工，均是测试装备性能的重要试验平台。比如，双轴同步振动试验平台主要用于模拟细长型产品的振动试验，如导弹类。

据了解，在众多导弹类型中，空空导弹所遇到的振动环境是最复杂的之一。空空导弹从发射到飞行过程中，会遇到"挂飞振动"等动力环境，而这一复杂外力是造成导弹发射失败的重要因素之一。由于空空导弹从出厂到发射飞向目标的整个寿命期内，一般都要经过运输、储存和使用阶段，在这几个阶段中，会受到各种环境因素的作用，除了有温度、湿热等因素，还有必然和偶然的振动、冲击等动力。而其中的"挂飞振动"带来的严重性和持久性最值得关注。因此，有必要对导弹进行地面振动试验，用于评估其效能。

导弹静止的时候，它的各项参数均为正常，但是一旦发射出去，就无法预知其性能是否仍然良好。这时，就要设计出一种模拟导弹发射后遭受各种动力环境的仪器。振动平台所发挥的作用，正是一种模拟试验装备。振动平台试验作为科学研究和可靠性的重要手段，起源于第二次世界大战。第二次世界大战期间，美军大量武器和军用器材运达前线时常常不能使用，经研究知道，其原因是器材在运输时由振动导致损坏。导弹只有通过了振动平台的可靠性试验，才可以正常发射。

此外，大能量强冲击试验系统、谱冲击试验台、强冲击试验系统等振动平台可以模拟爆炸环境对航空、航天、航海器的零部件产生的冲击，测试被试件的防爆抗爆性能。

振动噪声是影响装备和军工的最主要障碍之一，它对军工产品的性能有较大负面影响。比如，海战中最主要的利器之一"潜艇"常常被噪声所困扰，如机械噪声、螺旋桨噪声和水动力噪声。这些噪声在潜艇的不同航速下对潜艇的辐射总噪声有不同的影响。潜艇被人称道之处在于它的隐蔽性，但噪声却影响潜艇的隐蔽性。潜艇噪声无法消除，但是可以利用电动振动平台的频率调整，改变潜艇的共振频率，使噪声降至最低水平。

图 7-28 所示为中国超大推力振动平台。

图 7-28 中国超大推力振动平台

7.13 海军导弹打击范围问题

7.13.1 问题提出

美国海军 2015 年 5 月 11 日发布消息称，当天，在中国南海，美国海军驻扎在新加坡的濒海战斗舰 LCS-3 "沃思堡号" 驶近南威岛，中国海军护卫舰 054A 型 "盐城舰" 紧密监视（图 7-29）。

图 7-29 护卫舰跟踪监视战斗舰

我部某舰在巡逻中发现前方有敌舰，根据侦测得到的数据，如何判断敌舰是否在我舰的打击范围内？

7.13.2 问题分析

目前的电子系统能迅速测出敌舰的种类、位置以及敌舰行驶速度和方向，导弹自动制导系统能保证在导弹发射后任一时刻都能对准目标。根据情报，这种敌舰能在我军舰

发射导弹后 T 分钟作出反应并摧毁导弹。

问题就变为根据敌舰反应时间 T、导弹速度 a、敌舰的速度 b、敌舰的方向 θ 与敌舰的距离 d，改进电子导弹系统使能自动计算出敌舰是否在有效打击范围之内。

在建立微分方程时，注意导弹向敌舰追击的轨迹不是直线，但导弹的行驶方向（速度方向）始终指向敌舰；行驶过程根据敌舰方位改变行驶方向（速度方向）。

7.13.3 数学问题

我部某舰在巡逻中发现正前方 d 千米处的敌舰，其行驶速度为 a 千米/小时，方向与我舰和敌舰的连线夹角为 θ 直线前进，根据情报，这种敌舰能在我军舰发射导弹后 T 分钟作出反应并摧毁导弹，若我方导弹飞行速度为 b 千米/小时，试判断敌舰是否在我舰的打击范围内。

7.13.4 问题求解

设我舰发射导弹时位置在坐标原点，我舰和敌舰的连线为 x 轴，建立坐标系，如图 7-30 所示。敌舰在 x 轴正向 d 千米处，其行驶速度为 a 千米/小时，其方向与 x 轴夹角为 θ，导弹飞行速度为 b 千米/小时。

设 t 时刻时导弹位置为 $P(x(t),y(t))$，则易知 t 时刻敌舰位置为 $Q(X(t),Y(t))$，有

$$\sqrt{\left(\frac{dx}{dt}\right)^2+\left(\frac{dy}{dt}\right)^2}=b$$

$$\begin{cases} X(t)=d+at\cos\theta \\ Y(t)=at\sin\theta \end{cases}$$

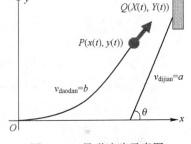

图 7-30 导弹追踪示意图

为了保持对准目标，导弹轨迹切线方向应为

$$\begin{pmatrix} \dfrac{dx}{dt} \\ \dfrac{dy}{dt} \end{pmatrix} = \lambda \begin{pmatrix} X-x \\ Y-y \end{pmatrix}$$

代入消去 λ 得微分方程组：

$$\begin{cases} \dfrac{dx}{dt}=\dfrac{b}{\sqrt{(X-x)^2+(Y-y)^2}}(X-x) \\ \dfrac{dy}{dt}=\dfrac{b}{\sqrt{(X-x)^2+(Y-y)^2}}(Y-y) \end{cases}$$

初始条件为 $x(0)=0$, $y(0)=0$, 对于给定的 a, b, d, θ 进行计算。当 $x(t)$ 满足

$$x(t) \geq d+at\cos\theta$$

认为已击中目标。

如果 $t<T$，则敌舰在打击范围内，如需要就可以发射。否则敌舰在打击范围外，不需要发射导弹。

如在导弹系统中设 $a=90\mathrm{km/h}$, $b=450\mathrm{km/h}$, $T=0.1\mathrm{h}$。求 θ 和 d 的有效范围。

有两个极端情形容易算出：

（1）若 $\theta=0$，即敌舰正好背向行驶，即 x 轴正向，那么导弹直线飞行，击中时间 $t=d/(b-a)<T$，得

$$d<T(b-a)=0.1\times(450-90)=36\text{km}$$

（2）若 $\theta=\pi$，即迎面驶来，类似有 $t=d/(a+b)<T$，则

$$d<T(a+b)=0.1\times(450+90)=54\text{km}$$

一般地，对任意的 θ，其距离 d 的最大值介于这二者之间，即 $36<d_{\max}<54$。

由于微分方程组难以得到解析解，因此根据敌舰反应时间 T、导弹速度 a、敌舰的速度 b、敌舰的方向 θ 与敌舰的距离 d，通过 Matlab 软件编写程序，通过求微分方程组的数值解的方法来判断敌舰是否在打击范围内。

Matlab 实验：

（1）建立 m-文件 fungaijin.m 如下：

```
function dy=fungaijin(t,y,flag,T,a,b,seta,d)
    dy=zeros(2,1);
    X=d+a.*t.*cos(seta);
    Y=a.*t.*sin(seta);
    dy(1)=b*(X-y(1))/sqrt((X-y(1))^2+(Y-y(2))^2);
    dy(2)=b*(Y-y(2))/sqrt((X-y(1))^2+(Y-y(2))^2);
```

（2）取 t0=0，tf=T，建立主程序 chase2.m 如下：

```
clc;clear all;
%请输入基础观测数据：T,a,b,seta,d
T=0.1,a=90,b=450,seta=4*pi/6,d=50
[t,y]=ode45('fungaijin',[0:0.00001:T],[0 0],[],T,a,b,seta,d);
X=d+a.*t.*cos(seta);          %敌舰横坐标
Y=a.*t.*sin(seta);
plot(X,Y,'.'), hold on
plot(y(:,1),y(:,2),'r.')
jj=size(t);
for j=1:jj                    %通过比较横坐标,得到一个时间序号数组
    if y(j,1)<X(j)
        TT(j)=100000;         %未击中敌舰时,赋一个很大的值
    else
        TT(j)=j;              %击中敌舰时,赋时间序列号
    end
end                           % TT 的最小值 j 对应的 t(j)就是击中敌舰的
                              %   具体时间
tt=min(TT);                   %求出击中敌舰的时间序号
```

```
if tt<100000 %判断能否击中敌舰;
    disp(['敌舰在打击范围内！'])
    disp(['击中敌舰的时间为:']);
    disp([t(tt)])    %显示击中敌舰的具体时间
    disp(['击中敌舰的位置为:']);
    disp([blanks(8),'P(x,y)',blanks(15),'Q(X,Y)'])
    disp([y(tt,:),X(tt),Y(tt)])
else
    disp(['敌舰在打击范围外！'])
    disp(['最后T时刻导弹与敌舰的位置坐标:'])
    disp([blanks(6),'P(x(T),y(T))',blanks(7),'Q(X(T),Y(T))'])
    disp([y(jj(1),:),X(jj(1)),Y(jj(1))])
    gtext('P(x(T),y(T))'), gtext('Q(X(T),Y(T))')
end
```

分两种情况给出计算结果:

情况（1）:

T=0.1,a=90,b=450,seta=2*pi/3,d=40

T = 0.1000

a =   90

b = 450

seta = 2.0944

d = 40

敌舰在打击范围内！

击中敌舰的时间为:

　　0.0834 小时

击中敌舰的位置为:

　　　　　P(x,y)　　　　　　Q(X,Y)

36.2499   6.4650   36.2484   6.4980

结果如图7-31所示。

情况（2）:

T=0.1,a=90,b=450,seta=2*pi/3,d=50

T = 0.1000

a =   90

b = 450

seta = 2.0944

d =50

敌舰在打击范围外！

最后T时刻导弹与敌舰的位置坐标:

P(x(T),y(T))　　　Q(X(T),Y(T))
44.0529　　6.7783　　45.5000　　7.7942

结果如图 7-32 所示。

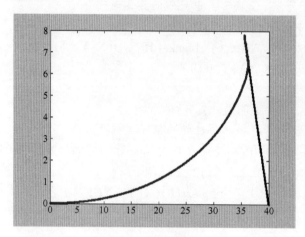

图 7-31　导弹击中敌舰

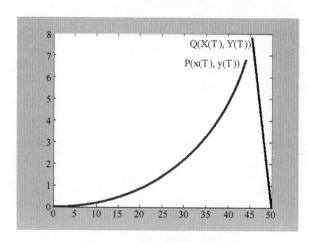

图 7-32　导弹不能击中敌舰

7.13.5　结果分析

根据目前的电子系统，迅速测出敌舰的种类、位置以及敌舰行驶速度和方向，根据情报，这种敌舰能在我军舰发射导弹后 T 分钟作出反应并摧毁导弹。上述程序只要给出敌舰反应时间 T、导弹速度 a、敌舰的速度 b、敌舰的方向 θ 与敌舰的距离 d，就可以判断我导弹能否在敌舰作出反应并摧毁导弹前击中敌舰。能够击中敌舰时，给出了击中敌舰的时间和位置坐标；不能击中敌舰时，给出了 T 时导弹与敌舰的位置坐标。

计算时给出了两种情况，前面参数相同，只是距离 d 不同：

当 $d=40\mathrm{km}$ 时，敌舰在打击范围内，击中敌舰的时间为 0.0834h。击中敌舰时导弹与的位置为 $P(x,y)=(36.2499,6.4650)$，$Q(X,Y)=(36.2484,6.4980)$。

当 $d=50\mathrm{km}$ 时，敌舰在打击范围外，在 T 时导弹与敌舰的位置坐标分别为 $P(x,y)=$

(44.0529,6.7783),$Q(X,Y)=(45.5000,7.7942)$。

在实际工作中,可以对于所有可能的 d 和 θ,计算击中所需时间,从而对不同 θ,得出 d 的临界值。具体应用时可直接查表判断。

7.13.6 涉及知识点

大量的微分方程常常不能求得解析解,往往通过一定算法获得其数值解。
(1) 建立微分方程组。
(2) Matlab 中解常微分方程初值问题的数值解 ode23

[x,y] = ode23('fun',Tspan,y0,option)

可用于求解常微分方程,fun 为一阶微分方程的 M-函数文件名,用单引号或@标识,Tspan 规定了常微分方程的自变量取值范围,y0 表求初始条件向量 y0 = [y(x0) y'(x0) y''(x0) …]。option 为选项参数,可用 odeset 设置,输出[x,y]为微分方程数值解的列表,若省略输出则输出解函数的曲线。

7.14 作战模拟中的追击问题

7.14.1 问题提出

随着信息化的发展,精确制导武器越来越普遍。空空导弹、地空导弹拦截飞机(或者拦截其他巡航导弹),利用鱼雷追踪并炸毁敌军军舰,反坦克炸弹打击坦克……诸如此类均属于追击问题。追击问题有多种局面:一个人、一种动物、一个飞行器等去追逐其他的事物。假如你接到任务要去追击敌方目标,目标作某种既定运动,试建立追击模型。

7.14.2 问题分析

假定已知目标的位置且追击者始终能观测到目标并知道目标的确切位置。首先确定追击者的运动路径,目标沿直线运动,可建立二维直角坐标系,用$(x_0(t),y_0(t))$表示追击者的位置。同时还假定追击者以恒定的速度 v 移动,利用参数坐标$(x_1(t),y_1(t))$表示目标的位置。假设作在足够小时间 Δt 内,追击者作直线运动,用通用函数 $f(t)$ 作为转移变量,如图 7-33 所示。即

$$f(t+\Delta t)=f(t)+k(t)\Delta t \quad (7-6)$$

其中 $k(t)$ 表示第 t 时刻的追击方向。

为简化计算,可先把连续函数的变量 t 离散成时间间隔为 n 的离散函数。不妨设 $t=n\Delta t$,即可用$x_0(n)$表示 $x_0(t)$,$y_0(n)$ 表示 $y_0(t)$,$x_0(n+1)$ 表示 $x_0(t+\Delta t)$,$y_0(n+1)$ 表示 $y_0(t+\Delta t)$。结合式(7-6)中的变量关系,建立追逐过程的数学模型。

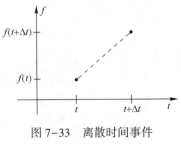

图 7-33 离散时间事件改变的仿真模型

7.14.3 数学问题

甲位于点$(x_0(t),y_0(t))$，乙位于点$(x_1(t),y_1(t))$，在时间t内，乙保持匀速直线运动，甲以恒定的速度v追击，试建立追击模型。

7.14.4 问题求解

在上述分析的基础上进一步细化位置关系，点$(x_0(n),y_0(n))$，$(x_0(n+1),y_0(n+1))$、$(x_1(n),y_1(n))$和追击者在每个方向$\Delta x_0=x_0(n+1)-x_0(n)$和$\Delta y_0=y_0(n+1)-y_0(n)$上的位置变化，如图7-34所示。大三角形的水平边长度为$x_1(n)-x_0(n)$。垂直边长度为$y_1(n)-y_0(n)$，由勾股定理，斜边长度为$\sqrt{(x_1(n)-x_0(n))^2+(y_1(n)-y_0(n))^2}$；而小三角形的边分别记为$\Delta x_0$和$\Delta y_0$。需要用跟$\Delta x_0$和$\Delta y_0$无关的值来确定斜边长度，由于追击者在时间间隔$\Delta t$内以速度$v$移动。因此，斜边的长度可以用$v\Delta t$表示。结合相似直角三角形之间的关系，可以得到模型。

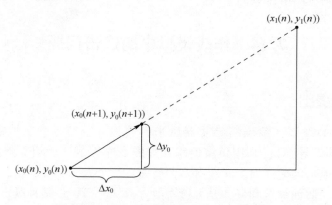

图7-34 追击者在问题n到$n+1$上的运动

由上述分析，建立三角形的两边和斜边的关系方程，具体长度见图7-35。

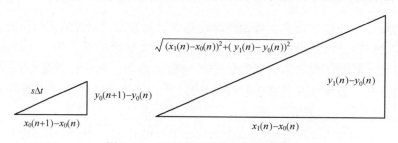

图7-35 用距离标示的相似三角形

水平边与斜边的关系为

$$\frac{x_0(n+1)-x_0(n)}{v\Delta t}=\frac{x_1(n)-x_0(n)}{\sqrt{(x_1(n)-x_0(n))^2+(y_1(n)-y_0(n))^2}} \tag{7-7}$$

垂直边与斜边的关系为

$$\frac{y_0(n+1)-y_0(n)}{v\Delta t} = \frac{y_1(n)-y_0(n)}{\sqrt{(x_1(n)-x_0(n))^2+(y_1(n)-y_0(n))^2}} \tag{7-8}$$

整理式 (7-7)、式 (7-8)，导出关于未知数 $x_0(n+1)$ 和 $y_0(n+1)$ 的两个非线性差分方程：

$$x_0(n+1)-x_0(n) = \frac{v\Delta t(x_1(n)-x_0(n))}{\sqrt{(x_1(n)-x_0(n))^2+(y_1(n)-y_0(n))^2}} \tag{7-9}$$

$$y_0(n+1)-y_0(n) = \frac{v\Delta t(y_1(n)-y_0(n))}{\sqrt{(x_1(n)-x_0(n))^2+(y_1(n)-y_0(n))^2}} \tag{7-10}$$

上式的差分方程组也可用微分方程组 $\begin{cases}\dfrac{\mathrm{d}x(t)}{\mathrm{d}t}=v\cos\alpha(t)\\ \dfrac{\mathrm{d}y(t)}{\mathrm{d}t}=v\sin\alpha(t)\end{cases}$ 表达，其中 $\alpha(t)$ 为追逐中两个对象的连线与 x 轴的夹角。

具体案例 1

当目标沿直线运动时，假定追击者的初始坐标为 $(-3,0)$，目标的移动轨迹由下列参数方程确定：

$$x_1(t) = 3+3t; y_1(t) = 4t \tag{7-11}$$

当 $t=0$ 时，目标位置为 $(3,0)$，目标速度为 $\sqrt{3^2+4^2}=5$，假设追击者速度为 $v=7$，时间间隔设置为 $\Delta t=0.1$，最终一定能追上目标。

模型为非线性差分方程，必须通过迭代数值求解。而式 (7-11) 为连续的参数方程，将之化为下面的离散参数方程：

$$x_1(n) = 3+3n\Delta t; \quad y_1(n) = 4n\Delta t \tag{7-12}$$

将具体数值和函数代入式 (7-9) 和式 (7-10)，得

$$x_0(n+1) = x_0(n) + \frac{7 \cdot (0.1) \cdot (3+3 \cdot (0.1)n-x_0(n))}{\sqrt{(3+3 \cdot (0.1)n-x_0(n))^2+(4(0.1)n-y_0(n))^2}}$$

$$y_0(n+1) = y_0(n) + \frac{7 \cdot (0.1) \cdot (4(0.1)n-y_0(n))}{\sqrt{(3+3 \cdot (0.1)n-x_0(n))^2+(4(0.1)n-y_0(n))^2}}$$

化简，得

$$x_0(n+1) = x_0(n) + \frac{0.7 \cdot (3+0.3n-x_0(n))}{\sqrt{(3+0.3n-x_0(n))^2+(0.4n-y_0(n))^2}} \tag{7-13}$$

$$y_0(n+1) = y_0(n) + \frac{0.7 \cdot (0.4n-y_0(n))}{\sqrt{(3+0.3n-x_0(n))^2+(0.4n-y_0(n))^2}} \tag{7-14}$$

其初始条件为 $x_0(0)=-3; y_0(0)=0$。

迭代求解该方程。首先在式 (7-13) 中用 0 代替 n，得

$$x_0(0+1) = x_0(0) + \frac{0.7 \cdot (3+0.3(0)-x_0(0))}{\sqrt{(3+0.3(0)-x_0(0))^2+(0.4(0)-y_0(0))^2}}$$

代入初始条件，化简得

$$x_0(1)=-3+\frac{0.7(3-(-3))}{\sqrt{(3-(-3))^2}}=-3+\frac{4.2}{6}=-2.3$$

对式（7-14）同理进行运算，可得

$$y_0(1)=y_0(0)+\frac{0.7(0-(-0))}{\sqrt{(3-(-3))^2}}=0+0=0$$

因此，追击者在第一追击阶段，移动到点$(-2.3,0)$。对$n=1,2,\cdots,10$，执行相同的过程，得到迭代结果见表7-2。可利用计算机来实现。

表7-2 追击方程式（7-13）和式（7-14）的迭代结果

n	0	1	2	3	4	5	6	7	8	9	10
$x_0(n)$	-3	-2.3	-1.6	-0.91	-0.23	0.45	1.10	1.74	2.36	2.96	3.54
$y_0(n)$	0	0	0.05	0.15	0.30	0.50	0.74	1.03	1.35	1.72	2.11

由上述分析知，目标初始位置为$(3,0)$，目标速度为$\sqrt{3^2+4^2}=5$，追击者速度为7，经过一定时间，最终一定能追上目标。通过对差分方程的简单迭代，可得追击者的追击路线。

上述计算给出了追击模型，并给出了差分方程的迭代解法，但什么时候停止迭代呢？当然在追击者追到目标后就不需要再追击。因此模型需要包含一个停止判则，当迭代中目标被捉住时停止追击。假定"捉住"目标时意味着在时间间隔的终点二者"足够接近"。通常把"足够接近"称为停止判据的阈值，用ε表示。试建立具有停止判据的追击模型。

定义迭代后追击者和目标的距离为$d(n)$，利用两点间的距离公式得

$$d(n)=\sqrt{(x_0(n)-x_1(n))^2+(y_0(n)-y_1(n))^2} \tag{7-15}$$

规定当$d(n)\leqslant\varepsilon=0.5(s\Delta t)$时停止迭代，由于规定$s=7$，$\Delta t=0.1$，因此$\varepsilon=0.35$。重新进行迭代，除了显示$n,x_0(n),y_0(n)$，还显示$d(n),x_1(n),y_1(n)$，这些数据显示在表7-3中，保留两位小数点。由表7-3可以看出，当$n=24$时实现了停止判据，此时$d(24)=0.26<0.35=\varepsilon$，追击者在$(10,9.5)$附近追上目标。

表7-3 不同迭代时刻追击者和目标之间的距离

n	$x_0(n)$	$y_0(n)$	$x_1(n)$	$y_1(n)$	$d(n)$
0	-3	0	3	0	6
1	-2.3	0	3.3	0.4	5.61
2	-1.60	0.05	3.6	0.8	5.26
3	-0.91	0.15	3.9	1.2	4.92
4	-0.23	0.30	4.2	1.6	4.61
5	0.45	0.50	4.5	2	4.32
6	1.10	0.74	4.8	2.4	4.05

续表

n	$x_0(n)$	$y_0(n)$	$x_1(n)$	$y_1(n)$	$d(n)$
7	1.74	1.03	5.1	2.8	3.80
8	2.36	1.35	5.4	3.2	3.56
9	2.96	1.72	5.7	3.6	3.33
10	3.54	2.11	6.0	4.0	3.10
11	4.09	2.54	6.3	4.4	2.89
12	4.63	2.99	6.6	4.8	2.68
13	5.14	3.46	6.9	5.2	2.47
14	5.64	3.96	7.2	5.6	2.27
15	6.12	4.46	7.5	6.0	2.06
16	6.59	4.99	7.8	6.4	1.86
17	7.04	5.52	8.1	6.8	1.66
18	7.49	6.06	8.4	7.2	1.46
19	7.93	6.60	8.7	7.6	1.26
20	8.36	7.16	9.0	8.0	1.06
21	8.78	7.71	9.3	8.4	0.86
22	9.20	8.27	9.6	8.8	0.66
23	9.62	8.83	9.9	9.2	0.46
24	10.04	9.39	10.2	9.6	0.26

图 7-36 给出了追击者和目标的运动轨迹。由图可知，追击者在点（10，9.5）附近追上目标。

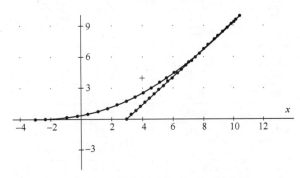

图 7-36 追击者和目标的轨迹图

具体案例 2（鱼雷追击潜艇）

已知在 $t=0$ 时刻，乙方潜艇在点 $(0,-10)$ 处，发射跟踪鱼雷，其速度为 6m/s。甲方潜艇轨迹为圆形，由以下参数方程给出：

$$x_1(t) = -8\cos(0.5t); \quad y_1(t) = 8\sin(0.5t)$$

假定时间间隔 $\Delta t = 0.2$，鱼雷始终改变自身方向朝甲方潜艇追击；假定潜艇航线不变，鱼雷在距离潜艇 3 个单位距离时会被发现。即鱼雷的停止判则为 $\varepsilon = 3$，试确定追击模型。

对方程两边求导，得
$$x_1'(t) = -4\sin(0.5t), \quad y_1'(t) = 4\cos(0.5t)$$
代入到速度公式中可得到潜艇的速度为
$$s_1(t) = \sqrt{(4\sin(0.5t))^2 + (4\cos(0.5t))^2} = \sqrt{16(\sin^2(0.5t) + \cos^2(0.5t))} = \sqrt{16} = 4$$
也就是说，甲潜艇以恒定的速度 4 在圆弧上航行。而鱼雷的航行速度为 6，比潜艇稍快。如果是连续的，则鱼雷很明显能追上潜艇并撞击船体。

将已知值和函数代入追击模型，得
$$x_0(n+1) = x_0(n) + \frac{6(0.2)(-8\cos(0.5(0.2)n) - x_0(n))}{\sqrt{(-8\cos(0.5(0.2)n) - x_0(n))^2 + (8\sin(0.5(0.2)n) - y_0(n))^2}}$$
$$y_0(n+1) = y_0(n) + \frac{6(0.2)(8\sin(0.5(0.2)n) - y_0(n))}{\sqrt{(-8\cos(0.5(0.2)n) - x_0(n))^2 + (8\sin(0.5(0.2)n) - y_0(n))^2}}$$

从初始条件 $x_0(0) = 0; y_0(0) = -10$ 开始，迭代公式和直到满足停止判据 $d(n) < \varepsilon = 3$，该求解过程以点序列的形式在表 7-4 中给出。在表 7-4 中同时能看到潜艇的位置 $(x_1(n), y_1(n))$ 和 $d(n)$。

表 7-4　不同迭代时刻，鱼雷的位置，潜艇的位置，以及它们间的距离

n	$x_0(n)$	$y_0(n)$	$x_1(n)$	$y_1(n)$	$d(n)$
0	0	-10	-8	0	12.81
1	-0.75	-9.06	-7.96	0.80	12.22
2	-1.46	-8.09	-7.84	1.59	11.60
3	-2.19	-7.09	-7.64	2.36	10.95
4	-2.72	-6.05	-7.37	3.12	10.28
5	-3.27	-4.99	-7.02	3.84	9.59
6	-3.74	-3.88	-6.60	4.52	8.87
7	-4.12	-2.75	-6.12	5.15	8.15
8	-4.42	-1.58	-5.57	5.74	7.41
9	-4.60	-0.40	-4.97	6.27	6.67
10	-4.67	0.80	-4.32	6.73	5.94
11	-4.60	2.00	-3.63	7.12	5.22
12	-4.38	3.18	-2.90	7.46	4.53
13	-3.99	4.31	-2.14	7.71	3.87
14	-3.41	5.37	-1.36	7.88	3.25
15	-2.65	6.30	-0.56	7.98	2.68

将上表数据标于坐标系，得鱼雷和潜艇的航行曲线如图 7-37 所示，15 次迭代后（步长为 $\Delta t = 0.2(t=3)$），鱼雷和潜艇仅仅距离 2.68 个单位。

假定潜艇带有避开机制，即当潜艇检测到鱼雷时，潜艇以最大速度 5 逃离鱼雷。在该假定下，需确定潜艇新路径的参数方程。此时的初始状态为 $n=15$，$t = n\Delta t = 15(0.2) = 3$，由表 7-4 可知，此时潜艇位于 $(-0.57, 7.98)$，鱼雷位于 $(-2.65, 6.30)$，二者之间的方

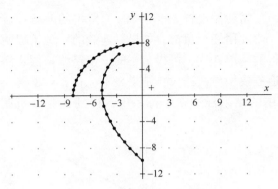

图 7-37 鱼雷和潜艇的路径图

向向量为 $(-0.57-(-2.65), 7.98-6.30)=(2.08,1.68)$，该方向的单位向量为 $\frac{(2.08,1.68)}{\sqrt{2.08^2+1.68^2}}=\frac{(2.08,1.68)}{2.6737}=(0.778,0.628)$，令 $t=3$ 时，$(-0.57,7.98)$ 为初始点，用直线的点斜式参数方程来表示潜艇的避开路径。因此，潜艇移动新的参数方程为

$$x_1(t)=-0.57+5(0.778)(t-3), \quad y_1(t)=7.89+5(0.628)(t-3)$$

接下来，写出关于自变量 n 的离散形式，即

$$x_1(n)=-0.57+5(0.778)(0.2n-3), \quad y_1(n)=7.89+5(0.628)(0.2n-3)$$

化简得

$$x_1(n)=0.778n-12.24, \quad y_1(n)=0.628n-1.44$$

假定鱼雷的致死半径为 0.1，在 $n=15$ 时，需要为追击的第二阶段，建立新的停止判据和新的目标路径，然后继续迭代。潜艇避开活动和鱼雷追赶的迭代结果由表 7-5 给出。结果显示，在 $n=28$ 或 $t=5.6$ 时，潜艇将被鱼雷袭击。除非该距离超出了鱼雷的有效半径。

表 7-5 潜艇避开活动阶段，鱼雷和潜艇路径的迭代

n	$x_0(n)$	$y_0(n)$	$x_1(n)$	$y_1(n)$	$d(n)$
15	-2.65	6.30	-0.56	7.98	2.68
16	-1.72	7.05	0.21	8.61	2.47
17	-0.78	7.81	0.99	9.23	2.27
18	0.15	8.56	1.76	9.86	2.07
19	1.08	9.31	2.54	10.49	1.87
20	2.01	10.06	3.32	11.12	1.67
21	2.95	10.82	4.09	11.75	1.47
22	3.88	11.57	4.87	12.37	1.27
23	4.82	12.33	5.65	13.00	1.07
24	5.75	13.08	6.43	13.63	0.87
25	6.69	13.84	7.21	14.26	0.67
26	7.62	14.59	7.99	14.89	0.47
27	8.55	15.35	8.77	15.51	0.27
28	9.49	16.10	9.54	16.14	0.07

由上述分析可知，鱼雷初始位置为 $(0,-10)$，鱼雷的航行速度为 6，潜艇以恒定的速度 4 在圆弧上航行，速度稍慢于鱼雷。如果是连续的，鱼雷很明显能追上潜艇并撞击船体。通过对差分方程的简单迭代，可得鱼雷的追击路线。假定潜艇带有避开机制，对潜艇避开活动和鱼雷追赶模型再次迭代，结果显示，在 $n=28$ 或 $t=5.6$ 时，潜艇仍将被鱼雷袭击。将表 7-5 中的结果标示在坐标系中，得到在避开机制下鱼雷的追击路线，如图 7-38 所示。

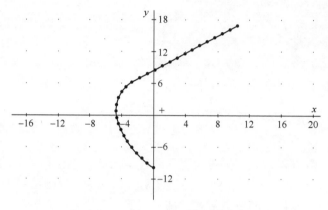

图 7-38 鱼雷的追击路线图

7.14.5 涉及知识点

两点的距离公式 空间中两点 $A(x_1,y_1,z_1)$ 与 $B(x_2,y_2,z_2)$，因

$$\vec{AB}=\vec{OB}-\vec{OA}=(x_2-x_1,y_2-y_1,z_2-z_1)$$

所以两点间的距离公式为

$$|AB|=|\vec{AB}|=\sqrt{(x_2-x_1)^2+(y_2-y_1)^2+(z_2-z_1)^2}$$

微分方程与差分方程 微分方程指描述未知函数的导数与自变量之间的关系的方程；差分方程又称递推关系式，是含有未知函数及其差分，但不含有导数的方程。

微分方程的解是一个符合方程的函数；差分方程的解是满足该方程的函数，往往是离散点列，差分方程容易用计算机求解。

由于大多数微分方程难以求得解析解，于是将微分用差分来代替，可以将微分方程离散化，变成差分方程。通过差分方程，用计算机迭代求解得到差分方程的近似值，从而也就当作微分方程的数值解。

微分方程的应用可以解决许多与导数有关的问题。物理中许多涉及变力的运动学、动力学问题，很多可以用微分方程求解，微分方程在化学、工程学、经济学和人口统计等领域都有应用；差分方程多用于模型应用。

7.14.6 拓展应用

以上模型为二维模型，但追击问题的应用大多是三维的，如空中导弹追击问题，发生在三维空间。试把模型推广到三维空间，使其更具普遍性。

三角形的斜边位于三维空间，并且可以投影到三个坐标平面。Z 表示第三坐标（高

于 xy 平面），追击者的坐标用离散变量表示为 $(x_0(n), y_0(n), z_0(n))$，目标的坐标为 $(x_1(n), y_1(n), z_1(n))$，三角形斜边的长为

$$\sqrt{(x_1(n)-x_0(n))^2+(y_1(n)-y_0(n))^2+(z_1(n)-z_0(n))^2}$$

变换式（7-9）和式（7-10），增加第三个方程，得到追击者移动的三维模型：

$$x_0(n+1) = x_0(n) + \frac{s\Delta t(x_1(n)-x_0(n))}{\sqrt{(x_1(n)-x_0(n))^2+(y_1(n)-y_0(n))^2+(z_1(n)-z_0(n))^2}}$$

$$y_0(n+1) = y_0(n) + \frac{s\Delta t(y_1(n)-y_0(n))}{\sqrt{(x_1(n)-x_0(n))^2+(y_1(n)-y_0(n))^2+(z_1(n)-z_0(n))^2}}$$

$$z_0(n+1) = z_0(n) + \frac{s\Delta t(z_1(n)-z_0(n))}{\sqrt{(x_1(n)-x_0(n))^2+(y_1(n)-y_0(n))^2+(z_1(n)-z_0(n))^2}}$$

停止判据为

$$d(n) = \sqrt{(x_1(n)-x_0(n))^2+(y_1(n)-y_0(n))^2+(z_1(n)-z_0(n))^2} < \varepsilon$$

7.15 油品顺序输送管道混油浓度的计算问题

7.15.1 问题提出

一条管线连续输送不同油品的工艺称为顺序输送。长输管线造价高，为不同油品建造专用管线极不合理，而先排空管线再换油品又费时费事，因此顺序输送有重要的实际意义。但顺序输送的科学性如何，即混油段的长度如何定量分析呢？

7.15.2 问题分析

随着顺序输送时间的推移，两种混油段位置不断前进，长度不断增加，相应地，管内浓度分布状况会不断改变，浓度的扩散可以建立微分方程模型。

7.15.3 数学问题

A、B 两种油品在管道中以轴向扩展速度 v_A 流动，用微元分析法建立 A、B 两种油的体积分数随时间和轴向距离的微分方程，从而求解它们的具体函数关系。

7.15.4 问题求解

一方面，由图 7-39 可知，在 Δt 时间内，在 $[x, x+\Delta x]$ 段 A 油料的体积增量为

$$\Delta V_A = \frac{\partial \varphi_A}{\partial t} S dx dt \tag{7-16}$$

式中：ΔV_A 为 A 油体积增量；φ_A 为 A 油体积分数；S 为油管截面积。

另一方面，根据流量平衡

$$\Delta V_A = \Delta V_{流入} - \Delta V_{流出}$$
$$= v_A S dt - \left(v_A + \frac{\partial v_A}{\partial x} dx\right) S dt$$

$$= -\frac{\partial v_A}{\partial x} S dx dt \tag{7-17}$$

式中：v_A 为 A 油轴向扩展速度。

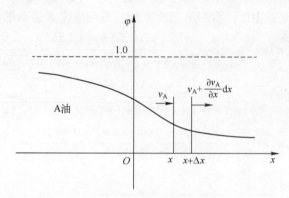

图 7-39 混油浓度分析图

于是

$$\frac{\partial \varphi_A}{\partial t} = -\frac{\partial v_A}{\partial x} \tag{7-18}$$

由费克分子扩散定律可知，物质轴向扩散速度与扩散系数和负的浓度梯度成正比，则

$$v_A = -D \frac{d\varphi_A}{dx} \tag{7-19}$$

式中：D 为扩散系数。D 可以从管线的现场实验数据推算，或者利用经验公式计算，如阿莎图良公式

$$D = 17.4 \frac{\nu_1 + 3\nu_2}{4} Re^{\frac{2}{3}}$$

式中：ν_1, ν_2 分别为两种油品的较高和较低的黏度；Re 为混合油品的雷诺数。

将式（7-19）代入式（7-18）可得

$$\frac{\partial \varphi_A}{\partial t} = D \frac{\partial^2 \varphi_A}{\partial x^2} \tag{7-20}$$

这就是混油段 A 油浓度的二阶偏微分方程。

求解推导：令 $Z = \dfrac{x}{2\sqrt{Dt}}$，于是有

$$\frac{\partial Z}{\partial x} = \frac{1}{2\sqrt{Dt}}, \quad \frac{\partial Z}{\partial t} = -\frac{x}{2t\sqrt{Dt}}$$

于是利用复合函数求导，A 油体积分数 $\varphi_A(x,t)$ 对 x 的偏导为

$$\frac{\partial \varphi_A}{\partial x} = \frac{d\varphi_A}{dZ} \frac{\partial Z}{\partial x} = \frac{1}{2\sqrt{Dt}} \frac{d\varphi_A}{dZ}$$

$$\frac{\partial^2 \varphi_A}{\partial x^2} = \frac{1}{4Dt} \frac{d^2 \varphi_A}{dZ^2} \tag{7-21}$$

$\varphi_A(x,t)$ 对 t 的偏导为

$$\frac{\partial \varphi_A}{\partial t} = \frac{d\varphi_A}{dZ}\frac{\partial Z}{\partial t} = -\frac{x}{4t\sqrt{Dt}}\frac{d\varphi_A}{dZ} \tag{7-22}$$

将式 (7-21)、式 (7-22) 代入式 (7-20) 得

$$-\frac{x}{4t\sqrt{Dt}}\frac{d\varphi_A}{dZ} = \frac{1}{4t}\frac{d^2\varphi_A}{dZ^2}$$

代入 $Z = \frac{x}{2\sqrt{Dt}}$,即

$$\frac{d^2\varphi_A}{dZ^2} = -2Z\frac{d\varphi_A}{dZ} \tag{7-23}$$

这是一个不含因变量 φ_A 的可降阶的二阶微分方程,求解可得

$$\varphi_A = C_1 \int_0^z \exp(-Z)^2 dZ + C_2$$

代入初始条件:
(1) 当 $x \in (0,\infty)$,$t=0$ 时,$\varphi_A = 0$,$Z = \infty$。
(2) 当 $t \in (0,\infty)$,$x=0$ 时,$\varphi_A = 0.5$,$Z = 0$。

最终得到微分方程的特解:

$$\varphi_A(Z) = \frac{1}{2}\left[1 - \frac{2}{\sqrt{\pi}}\int_0^Z \exp(-Z)^2 dZ\right] \tag{7-24}$$

其中 $Z = \frac{x}{2\sqrt{Dt}}$。

利用 $\exp(x) = \sum_{n=0}^{\infty}\frac{x^n}{n!}$,式 (7-24) 可以化成一个级数求近似解。

7.15.5 结果分析

建立了混油体积分数 $\varphi_A(x,t)$ 的二阶偏微分方程 $\frac{\partial \varphi_A}{\partial t} = D\frac{\partial^2 \varphi_A}{\partial x^2}$,通过变量代换 $Z = \frac{x}{2\sqrt{Dt}}$,得到 A 油的体积分数为

$$\varphi_A(Z) = \frac{1}{2}\left[1 - \frac{2}{\sqrt{\pi}}\int_0^Z \exp(-Z)^2 dZ\right] \tag{7-25}$$

由 $\varphi_A + \varphi_B = 1$ 知,B 油的体积分数为

$$\varphi_B(Z) = \frac{1}{2}\left[1 + \frac{2}{\sqrt{\pi}}\int_0^Z \exp(-Z)^2 dZ\right] \tag{7-26}$$

上述两式表述了油品浓度与时间 t、距离 x 的基本函数关系。由此可确定:当时间 t 一定时,油品浓度与截面位置 x 的关系;当位置 x 一定时,油品浓度随时间 t 的变化规律。

7.15.6 涉及知识点

可降阶高阶微分方程 $y''=f(x,y')$ 型的解法 见 7.7.6 节。

7.15.7 拓展应用

实事上，顺序输送的混油是由初始、站内和沿程混油组成，具有较复杂的工艺流程，有很多参考文献。本章建立了输送过程中混油的基本机理。在模型中还需要确立未知参数，这需要实际工程数据探索一些与工程相适应的经验公式和参数。

在工程中，尤其是需要分析管道终端对混油浓度的检测、切割和接收计算，可以查看参考书籍《军用输油管线》（蒲家宁著）。

习 题 7

1. 一架飞机沿抛物线 $y=x^2+1$ 的轨道向地面俯冲，如图所示。机翼到地面的距离以 100m/s 的固定速度减少。假设太阳光直射情况下，问机翼离地面 2501m 时，机翼影子在地面上运动的速度是多少？

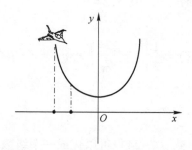

2. 一容器内装有 100L 的盐水，含 1kg 盐，容器的一端以 3L/min 的速度往容器注入盐水，浓度为 0.02kg/L。容器的另一端以 2L/min 的速度往容器外流，假设容器内溶液瞬时混合均匀。问经过 60min 后容器内还剩下多少盐？

3. 考古、地质等方面的专家常用碳-14 测定法去估计文物和化石的年代。长沙市马王堆一号墓于 1972 年 8 月出土，其时测得出土的木炭标本的碳-14 平均原子蜕变数为 29.78 次/分，而新砍伐烧成的木炭中碳-14 平均原子蜕变数为 38.37 次/分，又知碳-14 的半衰期为 5568 年，试估算该墓的大致年代。

第8章 向量代数与空间解析几何

8.1 部队垂直渡河问题

8.1.1 问题提出

部队行军时,如何安全、迅速地渡河是经常面临的实际问题。在一次野战拉练中,因地形条件所限,部队只能利用船只垂直渡过面前的河流到达对岸的集结点,那么部队渡河时(图8-1),船只必须以什么样的角度渡河才能做到垂直渡河?

图8-1 部队渡河

8.1.2 问题分析

由于速度是有大小有方向的量,即向量,确定如何渡河实际上归结为确定渡河方向的问题,因此我们可以根据空间解析几何中的向量代数知识来进行讨论。

要做到垂直渡河,就要分析船只前进的角度问题,首先可以建立坐标系,作出船只渡河的几何示意图来分析。以出发点为原点,水流方向为 x 轴,建立直角坐标系,如图8-2所示,设船头方向为北偏西 α 度。假设船在静水中航速为 U 千米/小时,而水的流速为 V 千米/小时,渡河的实际速率设为 W。分析 U、V、W、α 的关系就可以解决垂直渡河问题。

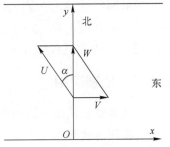

图8-2 部队垂直渡河坐标系

153

8.1.3 数学问题

已知船在静水中航速为 U 千米/小时，而水的流速为 V 千米/小时，渡河的实际速率设为 W。试问船头始终应保持什么方向才能垂直渡河？渡河的实际速率是多大？这种渡河方法在什么条件下才是可行的？

8.1.4 问题求解

由题意可知：

$$u_{船对水} = U(-\sin\alpha, \cos\alpha), \quad u_{水对岸} = V(1, 0)$$

要想垂直渡河，x 轴方向的分速度应该为零，即应该有

$$u_{船对岸} = u_{船对水} + u_{水对岸} = (0, W)$$

即

$$(-U\sin\alpha + V, U\cos\alpha) = (0, W)$$

也就是

$$-U\sin\alpha + V = 0, \quad U\cos\alpha = W$$

所以

$$\alpha = \arcsin\frac{V}{U}$$

同时渡河的实际速率

$$W = U\cos\alpha = U\sqrt{1-\sin^2\alpha} = \sqrt{U^2 - V^2}$$

8.1.5 结果分析

根据计算，要想垂直渡河，船头应始终应保持北偏西 $\alpha = \arcsin\dfrac{V}{U}$ 方向，即偏向上游方向 α 角，其渡河的实际速率是 $W = U\cos\alpha = \sqrt{U^2 - V^2}$，显然这种渡河方法只能在 $U > V$ 时才是可能的。

8.1.6 涉及知识点

给定向量 $\boldsymbol{a} = a_x\boldsymbol{i} + a_y\boldsymbol{j} + a_z\boldsymbol{k}$，$\boldsymbol{b} = b_x\boldsymbol{i} + b_y\boldsymbol{j} + b_z\boldsymbol{k}$，则

（1）$\boldsymbol{a} + \boldsymbol{b} = (a_x + b_x, a_y + b_y, a_z + b_z)$。

（2）$\boldsymbol{a} = \boldsymbol{b}$ 当且仅当 $a_x = b_x$，$a_y = b_y$，$a_z = b_z$。

8.1.7 拓展应用

部队需要利用船只渡河时，如果不需要垂直渡河，怎样才能尽快渡河？垂直渡河是最快的渡河方式吗？

垂直渡河是路程最短的渡河方式，只有在 $U > V$ 时才是可能的，当 $U \leq V$ 时，是不可能实现垂直渡河的，其实 α 在 $\left[0, \dfrac{\pi}{2}\right]$ 内取任何一个值，船只能在下游某处

$\left(\dfrac{hV}{U}\sec\alpha - h\tan\alpha, h\right)$ 登陆.

垂直渡河是路程最短的渡河方式，但不是最快的渡河方式，因为根据
$$u_{船对岸} = u_{船对水} + u_{水对岸} = (Q, W)$$
垂直于河岸方向的分速度为 $W = U\cos\alpha$，与水的流速 V 无关，设河宽为 d，则渡河时间 $T = \dfrac{d}{U\cos\alpha}$，故无论 U 和 V 大小关系如何，都是在 $\alpha = 0$ 即船头与河岸垂直时 T 最小，也就是说渡河时间最短。

8.2 部队行军中风向和风速判断问题

8.2.1 问题提出

部队行军（图 8-3）时，经常面临各种各样复杂的气候环境，如面临大风时，及时、主动地掌握风向及风速对部队安全、准时完成任务非常重要，在没有相关测试仪器的情况下，如果你是指挥员，如何准确判断风向和风速？

图 8-3　部队行军中的学问

8.2.2 问题分析

结合已知部队前进方向和当时的风向，首先考虑风对地、风对人、人对地的速度，研究风、地、人之间的关系，在此基础上，画出示意图，然后根据不同的测试估计数据，利用向量代数的方法作出判断。

8.2.3 数学问题

部队以速度 u 向正东方前进时感到风从正北方吹来，以速度 $2u$ 向正东方前进时又感到风从东北方吹来，你能准确判断出风向和风速吗？

8.2.4 问题求解

根据 $v_{风对地} = v_{风对人} + v_{人对地}$，考虑到部队以速度 u 向正东方前进时感到风从正北方吹来，以速度 $2u$ 向正东方前进时又感到风从东北方吹来，可以得到 $v_{风对地}$、$v_{风对人}$、$v_{人对地}$ 的示意图分别如图 8-4（a）和（b）所示。

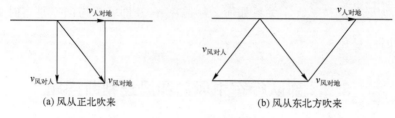

图 8-4 几何示意图

设 $v_{风对地} = (a, b)$，风从正北吹来时 $v_{风对人} = (0, -P)$，$v_{人对地} = (u, 0)$，风从东北方吹来时 $v_{风对人} = (-Q, -Q)$，$v_{人对地} = (2u, 0)$，根据图 8-4（a）可得

$$(a, b) = (0, -P) + (u, 0)$$

根据图 8-4（b）可得

$$(a, b) = (-Q, -Q) + (2u, 0)$$

由上述两式可得

$$a = u, \quad b = -P, \quad a = 2u - Q, \quad b = -Q$$

解得

$$(a, b) = (u, -u)$$

所以风向为西北，风速为 $\sqrt{2}u$。

8.2.5 结果分析

当部队以速度 u 向正东方前进时感到风从正北方吹来，以速度 $2u$ 向正东方前进时又感到风从东北方吹来，那么，此时风向是西北方向，风速为 $\sqrt{2}u$。

8.2.6 涉及知识点

向量运算见 8.1.6 节。

8.3 战斗机飞行方向的调整问题

8.3.1 问题提出

战斗机（图 8-5）在执行任务时，在风的作用下，经常面临战斗机偏离航向问题。如果你是一名经验丰富的战斗机飞行员，根据当时风的风向、风速，你应该如何飞行才能达到目的地？如何确定风的速度？

图 8-5 飞行中的战斗机

8.3.2 问题分析

首先必须建立坐标系,由于速度是既有大小又有方向的量,即向量,因此根据战斗机速度分解的几何图形,确定风的速度实际上归结为确定战机的速度大小、方向问题。

以机场为原点,正东方向为 x 轴,建立直角坐标系,如图 8-6 所示。设风的速度为 v_1,方向为东偏南方向 α 度,战斗机的速度为 v,方向为北偏西方向 β 度。飞行员要达到目的地,必须是风使战机的北偏东的偏移量等于飞机的北偏西的偏移量,这样就能保证飞机达到预定的目的地。

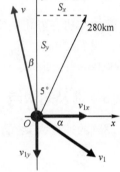

图 8-6 几何示意图

8.3.3 数学问题

一架战斗机在静止的空气中飞行速度为 $v=580\text{km/h}$,飞机从机场起飞,按照罗盘向北飞行,飞行 30min 后,飞机实际朝北偏东 5° 方向飞行了 280km。

(1) 求风的速度 v_1。

(2) 此时,飞行员应该向什么方向飞行才能达到目的地?

8.3.4 问题求解

(1) 设风的速度为 v_1,方向为东偏南 α 度,因为 $580\text{km/h} \times 30/60 = 290\text{km}$,大于 280km,故 $\alpha > 0$。

$$v_{1x} = v_1 \cos\alpha, \quad v_{1y} = v_1 \sin\alpha$$

因为 $(580 - v_{1y}) 30/60 = 280\cos(5\pi/180)$

所以 $v_{1y} = v_1 \sin\alpha = 580 - 560\cos(5\pi/180)$

因为 $30 v_{1x}/60 = 280\sin(5\pi/180)$

所以 $v_{1x} = v_1 \cos\alpha = 560\sin(5\pi/180)$

所以 $\tan\alpha = \dfrac{v_{1y}}{v_{1x}} = \dfrac{580 - 560\cos(5\pi/180)}{560\sin(5\pi/180)}$

所以
$$v_1 = 560\sin(5\pi/180)/\cos\alpha$$
所以 $\alpha = \arctan((580-560\cos(5\pi/180))/(560\sin(5\pi/180)))360/(2\pi) = 24.3913°$

所以
$$v_1 = 560\sin(5\pi/180)/\cos\alpha = 53.5903 \text{km/h}$$

（2）设战斗机的速度为 v，方向为北偏西 β 度。只有当风使战机的北偏东的偏移量等于飞机的北偏西的偏移量时，才能保证飞行员飞到目的地，即

$$v\sin\beta = v_1\cos\alpha$$

所以

$$\beta = \arcsin\left(\frac{v_1}{v}\cos\alpha\right) \cdot 180/\pi = 4.8272°$$

计算的 Matlab 程序如下：

alfa=atan((580-2*280*cos(5*pi/180))/(2*280*sin(5*pi/180)))*360/(2*pi)
v1=2*280*sin(5*pi/180)/cos(24.3913*pi/180)
beta=asin(53.5903/580*cos(24.3913*2*pi/360))*180/pi

8.3.5 结果分析

若战斗机在静止的空气中飞行速度为 580km/h，飞行员从机场起飞，按照罗盘向北飞行，飞行 30min 后，飞机实际朝北偏东 5°飞行了 280km。此时风的速度为 $v_1 = 53.5903$km/h，此时，飞行员应该向北偏西 4.8272°飞行就能达到目的地。

8.3.6 涉及知识点

设风的速度为 v，方向东偏南方向为 α 角，速度在两个坐标轴方向的分解式为

$$v_x = v\cos\alpha, \quad v_y = v\sin\alpha$$

若 $v\sin\beta = v_1\cos\alpha$，故 $\beta = \arcsin\left(\dfrac{v_1}{v}\cos\alpha\right)$。

8.4 装备的损伤模拟问题

8.4.1 问题提出

在战场上，特别是在现代战争中，装备面临各种各样的损伤，比如导弹爆炸后形成的破片对武器的损伤。由于爆轰作用产生的破片具有数量多、质量小和初速大的特点，因此破片对武器的损伤分析非常复杂，在作战模拟和作战实验中，如何判断装备损伤？

8.4.2 问题分析

对于典型的破片杀伤型战斗部件，由于爆轰作用产生的破片具有数量多、质量小和初速大的特点，因此在忽略重力作用的前提下，可把破片早期飞行轨迹近似看成一条直线，可用射线来描述破片的飞行轨迹，也可用射线来代替破片。这种做法具

有近似程度高、原理简单、易于编程实现的特点，也适用于常规的直射型武器的作战模拟。

在破片对装备的损伤模拟中，常用的方法——几何射线法被大量采用。几何射线法的基本原理是将导弹战斗部爆炸后形成的破片对武器的威胁看作一条射线穿过装备，所以对于形式上可化为射线类的威胁都能适用。一般一枚导弹战斗部爆炸后形成的破片数目众多，逐个对破片进行杀伤分析，既非常繁琐，也没有必要。用几何射线法解决这一问题是利用空间解析几何的办法确定某一炸点的导弹爆炸后对装备的有效作用范围，然后计算出在该范围内的破片数，在此基础上计算破片对各重要功能项目的损伤影响。

8.4.3 数学问题

在战场上，导弹战斗部爆炸后形成的破片数目众多，在作战模拟和作战实验中，如何利用几何射线法判断装备损伤？

8.4.4 问题求解

以典型的预制破片式战斗部的 ARM 对地空导弹装备的关键装备的破片损伤作用为例，对几何射线法进行简要描述。

1. 坐标系的建立

O 为坐标原点：取收发车的等效易损体的几何中心点。

OX 轴：在过原点的水平面内，其指向与敌机航路水平投影平行，反向。

OZ 轴：过原点且垂直于水平面，垂直指向上方。

OY 轴：在过原点的水平面内，垂直于 OX 轴与 OZ 轴，与上述二轴成右手系。

2. 装备的几何描述

常见的野战武器装备一般由车辆及车载装备组成。为便于讨论，将装备的外形简化为规则几何体来描述。在此将地空导弹武器的车辆和车载装备的外形简化为一组正交平等六面体（称为**等效易损体**），车载的部件也可依此法进行讨论。

记过装备所在等效易损体的几何中心，且垂直于爆点(x_0, y_0, z_0)与等效易损体几何中心(x_i, y_i, z_i)，$i = 1, 2, \cdots, n$ 的连线的平面为易损特征面，将装备的重要部件简化为易损面积，即各部件在易损特征面上的投影面积。则根据地面参数坐标系的定义，可确定战斗部爆炸点的坐标为(x_0, y_0, z_0)，各装备（车）的中心点的坐标(x_i, y_i, z_i)，$i = 1, 2, \cdots, n$。第 i 辆装备的长、宽、高记为(l_i, b_i, h_i)，则第 i 辆装备所占空间区域为

$$\left\{ (x, y, z) \mid |x - x_i| \leq \frac{l_i}{2}, |y - y_i| \leq \frac{b_i}{2}, |z - z_i| \leq \frac{h_i}{2} \right\}$$

3. 破片命中装备的判断依据

当装备可能发生损伤的区域为空集时，破片不会造成装备的损伤。以某型反辐射导弹为例，其动态杀伤区为一空心锥体，不能简单地用威力半径判断是否能命中，还须进一步细化。

判断第 i 台装备落入导弹动态杀伤区的依据有：

1) 角度条件

记平行于起爆瞬间导弹纵轴所在直线且指向制导站方向的向量为 $\boldsymbol{m}$，爆点为 $B_m(x_0,y_0,z_0)$，第 i 辆装备所占长方体的第 j 个顶点为 A_{ij}, $j=1,2,\cdots,8$。根据导弹的攻击方向，通常从爆点位置只能看到装备所化等效易损体（长方体）的最多三个侧面，即只能看到长方体的 4、6 或 7 个顶点，这里讨论的顶点 A_{ij} 指的是暴露在导弹攻击方向的顶点。记角度 θ 为 $\boldsymbol{m}$ 与 $\overrightarrow{B_mA_{ij}}$ 的夹角。

若要使导弹的破片能击中第 i 辆装备，则必有

$$\phi_1 \leqslant \theta \leqslant \phi_2$$

式中：ϕ_1 和 ϕ_2 分别为导弹战斗部破片飞散角度范围的下限和上限。

2) 距离条件

记 $B_m(x_0,y_0,z_0)$ 与第 i 辆装备的几何中心 $O_i(x_i,y_i,z_i)$ 的距离为

$$R_i = \sqrt{(x_0-x_i)^2+(y_0-y_i)^2+(z_0-z_i)^2},\quad i=1,2,\cdots,n$$

则 $R_i \leqslant R_0$，式中 R_0 为战斗部的有效作用距离。

4. 杀伤射线的产生

在点 $B_m(x_0,y_0,z_0)$ 产生一入射角为 λ 的射线 Γ，记射线 Γ 的方向向量为

$$\boldsymbol{s}=\{\cos\alpha,\cos\beta,\cos\gamma\}$$

式中：α、β 和 γ 分别是射线与三坐标轴的夹角。

射线 Γ 的方程为

$$\Gamma:\begin{cases}x=x_0+t\cos\alpha\\ y=y_0+t\cos\beta,\quad t\text{ 为参数}\\ z=z_0+t\cos\gamma\end{cases}$$

记所要判断的装备的侧面所在的平面方程为 $\Sigma:Ax+By+Cz+d=0$，$\boldsymbol{n}=\{A,B,C\}$ 为平面的法线向量，则

(1) 若 $\boldsymbol{n}\cdot\boldsymbol{s}=0$，即 $A\cos\alpha+B\cos\beta+C\cos\gamma=0$，则射线 Γ 与平面 Σ 平行。且当 $Ax_0+By_0+Cz_0+d=0$ 时，射线 Γ 在平面 Σ 内，根据装备的几何描述方法，认为这条射线对装备的重要部件不造成损伤，仅有可能损伤外蒙皮；当 $Ax_0+By_0+Cz_0+d\neq 0$ 时，这条射线对装备的这个侧面没有损伤。

(2) 若 $\boldsymbol{n}\cdot\boldsymbol{s}\neq 0$，则射线 Γ 与平面 Σ 相交，需进一步判断交点是否在这一侧面所占的区域内。将射线 Γ 的方程代入平面 Σ 的方程中，解得参数 $t=t'$，回代射线方程得射线与平面的交点 (x',y',z')，再判断平面 Σ 的特点是否满足

$$\begin{cases}|x-x_i|\leqslant l_i/2\\ |y-y_i|\leqslant b_i/2\\ |z-z_i|\leqslant h_i/2\end{cases}$$

若交点 (x',y',z') 满足上式，则说明交点位于装备的这一侧面内，即射线与这个侧面相交，故这条杀伤射线所代表的破片能击中该装备的这个侧面；否则，认为它不会与装备的这个侧面相交，不会对装备的这个面产生损伤。

一般地，作上述判断时只需作两个不等式的判断。如侧面所在平面若垂直于 X 轴，则作判断时就不必作第一个不等式的判断，只需判断后两个不等式是否成立，其余情况依次类推。若产生的射线与装备所讨论的某一侧面相交，则认为该枚破片击中了装备。

8.4.5 结果分析

本例的几何射线模型及其命中判断依据是利用蒙特卡洛法仿真破片式战斗部作战的核心数学模型，结合仿真模型框架、破片分布规律和相关随机数的产生办法，可构成一套完整的仿真模型。用之进行空地导弹（AGM）尤其是反辐射导弹（ARM）作战对装备的损伤作用仿真，其结论在装备的战场损伤评估与修复（BDAR）技术中具有重要意义，是后续工作的科学依据和重要数据来源之一，可为损伤评估提供重要依据，也可为抢修资源的配备提供数据支持。

以几何射线法为核心模型的战场损伤仿真方法，随着 BDAR 技术自 2000 年后在我国的大力发展，大量用于地空导弹武器装备、战略和战术弹道导弹装备、装甲装备、航空作战装备和雷达装备的战场损伤模拟与评估，是目前适用范围广、技术原理简单的一种重要方法。

8.4.6 涉及知识点

在装备建模、破片的威力范围和杀伤射线的表示中大量运用了空间解析几何的知识。如空间直线方程、空间区域的表示、直线与平面相交的判断、直线与平面交点、点与点的距离、平面区域的投影等知识点都被运用到，是对空间解析知识的一个较为全面的复习和运用。

（1）两点间距离。给定两点 M_1, M_2 的距离：$M_1 = (a_x, a_y, a_z)$，$M_2 = (b_x, b_y, b_z)$，则 $\boldsymbol{b} = b_x\boldsymbol{i} + b_y\boldsymbol{j} + b_z\boldsymbol{k}$，则

$$|M_1M_2| = \sqrt{(a_x-b_x)^2 + (a_y-b_y)^2 + (a_z-b_z)^2}$$

（2）平面的一般式方程为 $\varSigma: Ax + By + Cz + d = 0$。

（3）直线 $\varGamma$ 的参数方程。若直线经过点 $M_0(x_0, y_0, z_0)$，方向向量为 $\boldsymbol{s} = (\cos\alpha, \cos\beta, \cos\gamma)$，则直线方程为

$$\varGamma: \begin{cases} x = x_0 + t\cos\alpha \\ y = y_0 + t\cos\beta \\ z = z_0 + t\cos\gamma \end{cases} \quad t \text{ 为参数}$$

（4）直线与平面的位置关系。若射线 $\varGamma$ 与平面 $\varSigma$ 平行，则 $\boldsymbol{n} \cdot \boldsymbol{s} = 0$，即 $A\cos\alpha + B\cos\beta + C\cos\gamma = 0$。

8.4.7 拓展应用

进一步改进：由于导弹起爆瞬间，导弹纵轴与导弹速度可能存在一定的夹角，故其动态的破片飞散锥体相比静爆试验有一定的扭曲，会对破片的分布和杀伤射线的生成产生一定的影响。这需要结合空间解析几何和其他相关知识，综合进行分析，使产生的射

线更符合实际。

将装备几何建模结果直接运用到仿真模型中,使输入数据量大增,且在命中判断时步骤繁琐,需要作适当的数学化简。若只考虑一次杀伤作用,可将装备暴露在导弹杀伤范围的各个侧面投影到相应的特征杀伤平面上,用其在特征杀伤平面上的易损区域和易损面积来代替装备,可使数据录入和判断步骤大为减少。

在考虑多种杀伤作用时,仅靠前述的直射型动能杀伤范围的角度依据和距离依据是不够的。这就引出一个新问题:当破片因空气阻力的作用速度逐渐衰减,长距离飞行后重力作用使之轨迹明显弯曲时,如何产生代表破片飞行轨迹的曲线?如何判断曲线与平面(或曲面)的相交?

8.5 圆锥形山包的最短路线问题

8.5.1 问题提出

在山地战争中,敌我双方都在某一片大山体上,我军要消灭大山另一侧的敌方据点,由于山比较大,通常山上没有公路,部队行动主要靠步行,我方突击部队在山上应该怎样走才能尽快完成任务?

8.5.2 问题分析

众所周知,在平面上两点间直线距离最短,但是由于山体上的地面为曲面,要想尽快完成任务,需要在山上寻找最短路线。为了便于计算,可假设大山为圆锥形山包(图8-7),在圆锥形山包上寻找最短路线,其实就是寻找这样的路径:将圆锥面沿一条母线展开后的扇形平面上,这条路径的投影是直线。那么在圆锥形山包上,这样的路径就是最短的路径。

图 8-7 圆锥形山包

8.5.3 数学问题

在一高为400m,半顶角为$\frac{\pi}{6}$的圆锥形山包上,敌方据点位于点A处,我突击部队位于点B处,如图8-8所示,A点位于yOz面的圆锥母线上距顶点P处的距离为

$100\sqrt{2}$,B 点位于 zOx 面的圆锥面的母线上距顶点 P 处的距离为 $100(1+\sqrt{3})$ m。从 B 到 A 的最短距离是将圆锥面沿一条母线展开后的扇形面上 B、A 两点的直线距离,试求从 B 到 A 的最短距离曲线的向量方程。

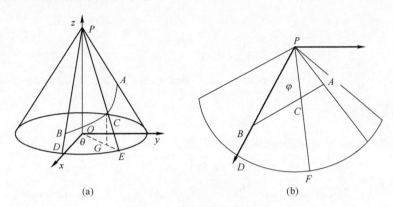

图 8-8 圆锥形山包展开图

8.5.4 问题求解

设点 C 是立体图 8-8（a）中曲线 AB 上任一点,其坐标为 $C(x,y,z)$,过 C 延长 PC 与底圆交于点 E,过 C 作垂直于底圆的垂线与 OE 交于点 G。

根据题意,设山包的锥面方程为

$$3x^2+3y^2=(400-z)^2$$

$$OD=OP\tan\frac{\pi}{6}=\frac{400}{\sqrt{3}}$$

在平面图中,以 P 为原点,PB 为 x 轴建立坐标系,则

$$PD=400/\cos\frac{\pi}{6}=\frac{800}{\sqrt{3}}$$

所以
$$\angle APB=2\pi\cdot\frac{2\pi\cdot OD/4}{2\pi\cdot PD}=\frac{\pi}{2}\frac{OD}{PD}=\frac{\pi}{4}$$

则在平面图中,点 B 的坐标为 $(100(1+\sqrt{3}),0)$;点 A 的坐标为 $A\left(100\sqrt{2}\cos\frac{\pi}{4},100\sqrt{2}\sin\frac{\pi}{4}\right)$,即 $A(100,100)$。

在平面图中设 $\angle BPC=\varphi$,则 $|\widehat{DF}|=2\pi\cdot PD\cdot\frac{\varphi}{2\pi}=PD\cdot\varphi$。

对应到立体图中 $|\widehat{DF}|=|\widehat{DE}|=OD\cdot\theta$,所以 $\theta=\frac{PD\varphi}{OD}=2\varphi$。

在平面图 8-8（b）中,设 $C(PC\cos\varphi,PC\sin\varphi)$,且 BC 与 BA 共线,即

$$\frac{PC\sin\varphi-0}{PC\cos\varphi-100(1+\sqrt{3})}=\frac{100-0}{100-100(1+\sqrt{3})}=\frac{1}{-\sqrt{3}}$$

所以
$$PC=\frac{100(1+\sqrt{3})}{\sqrt{3}\sin\varphi+\sin\varphi}$$

又因为在立体图中

$$x = OG\cos\theta = PC\sin\frac{\pi}{6}\cos\theta, \quad y = OG\sin\theta = PC\sin\frac{\pi}{6}\sin\theta, \quad z = 400 - PC\cos\frac{\pi}{6}$$

所以
$$r(\varphi) = (x,y,z) = \left(PC\sin\frac{\pi}{6}\cos\theta, PC\sin\frac{\pi}{6}\sin\theta, 400 - PC\cos\frac{\pi}{6}\right)$$

$$= \left(\frac{100(1+\sqrt{3})\cos 2\varphi}{2(\sqrt{3}\sin\varphi+\cos\varphi)}, \frac{100(1+\sqrt{3})\sin 2\varphi}{2(\sqrt{3}\sin\varphi+\cos\varphi)}, 400 - \frac{100(3+\sqrt{3})}{2(\sqrt{3}\sin\varphi+\cos\varphi)}\right)$$

8.5.5 结果分析

从点 B 到点 A 的最短距离曲线的向量方程为

$$r(\varphi) = \left(\frac{(1+\sqrt{3})\cos 2\varphi}{2(\sqrt{3}\sin\varphi+\cos\varphi)}, \frac{(1+\sqrt{3})\sin 2\varphi}{2(\sqrt{3}\sin\varphi+\cos\varphi)}, 400 - \frac{3+\sqrt{3}}{2(\sqrt{3}\sin\varphi+\cos\varphi)}\right)$$

我突击部队只要沿着该曲线前进，就能以行走最短的距离消灭敌人。

8.5.6 涉及知识点

（1）锥面的一般方程为 $\frac{x^2}{a^2}+\frac{y^2}{b^2}=z^2$。

（2）空间曲线方程的投影。设空间中的曲线 C 的一般方程为 $\begin{cases}F(x,y,z)=0\\G(x,y,z)=0\end{cases}$，则它在 xOy 平面上的投影曲线为 $\begin{cases}H(x,y)=0\\z=0\end{cases}$。

（3）一元向量值函数。已知空间曲线 Γ 的参数方程为 $\begin{cases}x=\varphi(t)\\y=\psi(t)\\z=\omega(t)\end{cases} t\in[\alpha,\beta]$，记 $r=(x,y,z)$，$f(t)=(\varphi(t),\psi(t),\omega(t))$。

8.6 高射炮火力的空间打击范围问题

8.6.1 问题提出

高射炮主要用于打飞机、直升机和飞行器等空中目标。它产生于第一次世界大战期间，在战争史上掀开了防空作战的新篇章。当前，大口径高射炮虽逐步被对空导弹取代，但各国仍装备和研制了相当数量 40mm 以下的高射炮系统，配备雷达或光电火控系统，和火炮、火控同装在一辆车上的三位一体式自行高射炮。近年来，各国已研制并开始列装的高射炮与防空导弹结合于一体的防空系统堪称现代防空兵器的重要发展趋势。现代战争证明，高射炮是现代防空武器系统的重要组成部分，在地对空导弹已成为地面防空主力的今天，高射炮在抗击低空目标中仍将发挥重要作用。

在电影、电视剧中，经常看到一排排的高射炮发出怒吼，一个个空中目标被摧毁，威力十分巨大，那么高射炮（图 8-9）究竟能够打多高、打多远？火力范围究竟有多大？

图 8-9　高射炮

8.6.2　问题分析

高射炮的火力打击范围应该是一个空间范围，从对称的角度看是一个旋转体，若把它看作一个点集，则这个点集由炮弹运动的所有不同轨迹曲线所构成。在忽略了炮身大小而把其看作一个几何点时，取炮口为坐标原点 O，铅直向上为 z 轴，任意一个方位的铅直平面为 yOz 坐标面，在取相应的 x 轴，得到坐标系如图 8-10 所示。所求火力打击范围显然是一个在 xOy 平面上方、某个旋转曲面下方的旋转体，为求出此旋转体，可在 yOz 坐标面的第一象限内进行考查。

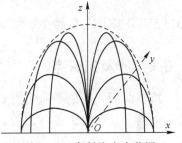

图 8-10　高射炮火力范围

8.6.3　数学问题

一门高射炮炮口可在水平面 360° 范围内任意转动，并可在铅直平面内以 0°~90° 仰角发射。如果空气阻力可以忽略不计，炮弹离开炮口时初速度为 v_0，设炮口的仰角为 $\alpha\left(0\leqslant\alpha\leqslant\dfrac{\pi}{2}\right)$，求该高射炮的火力范围。

8.6.4　问题求解

设炮口的仰角为 $\alpha\left(0\leqslant\alpha\leqslant\dfrac{\pi}{2}\right)$，在忽略空气阻力的情况下，可求得炮弹在空中 yOz 平面飞行轨迹的参数方程为

$$y=v_0 t\cos\alpha,\quad z=v_0 t\sin\alpha-\dfrac{1}{2}gt^2$$

在这两个方程中消去参数 t，可得

$$z = y\tan\alpha - \frac{g}{2v_0^2}y^2\sec^2\alpha$$

上式可以改写为

$$z = \frac{v_0^2}{2g} - \frac{gy^2}{2v_0^2} - \frac{gy^2}{2v_0^2}\left(\tan\alpha - \frac{v_0^2}{gy}\right)^2$$

由此可知,能够选取适当的 α,使 yOz 坐标面的第一象限内点 (y,z) 总能被击中的充要条件是

$$0 \leqslant z \leqslant \frac{v_0^2}{2g} - \frac{gy^2}{2v_0^2}$$

将此区域绕 z 轴旋转一周,即可得所求的火力范围为

$$0 \leqslant z \leqslant \frac{v_0^2}{2g} - \frac{g}{2v_0^2}(x^2+y^2)$$

8.6.5 结果分析

如果空气阻力可以忽略不计,高射炮炮口可在水平面 $0°\sim360°$ 范围内任意转动,并可在铅直平面内以 $0°\sim90°$ 仰角发射,则炮弹离开炮口时初速度为 v_0 时,该高射炮的火力打击范围应该是旋转体 $0 \leqslant z \leqslant \frac{v_0^2}{2g} - \frac{g}{2v_0^2}(x^2+y^2)$ 内部区域。

8.6.6 涉及知识点

旋转曲面 一条平面曲线 C 绕其平面上一条定直线 L 旋转一周所形成的曲面称为旋转曲面,其中曲线 C 称为旋转曲面的母线,定直线 L 称为旋转曲面的旋转轴。

给定 yOz 面上曲线 $C:\begin{cases}f(y,z)=0\\x=0\end{cases}$,则绕 z 轴旋转的旋转面方程为

$$f(\pm\sqrt{x^2+y^2},z) = 0$$

绕 y 轴旋转的旋转面方程为

$$f(y,\pm\sqrt{x^2+z^2}) = 0$$

8.7 超声速战机的"马赫锥"问题

8.7.1 问题提出

在新闻媒体上经常可以看到战斗机突破音障时产生的圆锥形雨雾的精美图片(图 8-11)。为什么会产生这种现象呢?

其实这种现象很常见,比如当一架超声速战机在高空飞行时,人们常常先看到战机在天空中掠过,片刻之后才能听到战机的声音,那么自然会问,为什么不能及时听到战机的声音呢?在同一时刻,在天空中的什么区域内可以听到战机的声音?

图 8-11　战斗机突破音障示意图

8.7.2　问题分析

由物理学知识可知，对空气的一个点声源，声音传播的特性是它发出的声波是以声速向四面八方传播。从声源产生到传播 t 时间后，声波所能达到的最大传播范围是一个以声源为球心的球面，球面半径是声波在 t 时间内所传播的距离，因此声波属于球面波，在某时刻，声波最大传播范围的球面称为该时刻的"波前"，即某时刻的波前是在该时刻声音所达到的最远范围。

设有一个点发出波，如果这个点静止，那么波呈圆环形向外"辐射"，这就是波源的波面图，向外"发射"的速度，换句话说，波面（相位相同叫作波面）运动的速度，就是波速。

人们在实践中发现，当战机飞行速度达到马赫数（飞行器速度关于声速的倍数）0.9 时，战机局部气流的速度可能就达到声速，产生局部激波，激波能使流经战机表面的气流紊乱，使战机剧烈抖动，操纵十分困难，这就是所谓**音障问题**（图 8-12），即当战机的飞行速度接近周围的声速时会受到相当大的阻力。

图 8-12　音障

如果战机有足够大的加速度，则能突破这个不稳定的声波屏障，冲到声音前面去。此时，声音就被甩在我们所看到的那个美丽的锥形区域里面，所以锥外是听不到战机的轰鸣声的。在同一时刻，一架超声速战机在高空飞行时，可以听到战机声音的区域恰好是一个以该时刻战机所处位置为顶点的圆锥体——这就是著名的"马赫锥"。在马赫锥之外，不管距离战机多近，都听不见战机的轰鸣声。

根据声波传播规律，利用解析几何知识就可以建立**马赫锥方程**。

马赫波（体现为马赫锥，图 8-13）是一个位置固定的微弱扰源所发出的一系列扰动在超声速气流中传播的波阵面。这是奥地利物理学家、哲学家 E·马赫在 19 世纪 80 年代末期 90 年代初期做超声速弹丸实验时首先发现的。无论气体静止还是运动，微弱扰动的传播速度相对于气体而言都是声速。位置固定的扰源在速度超过声速（$V>a$）的气流中所发出的一个个扰动随气流以 V 的速度向下游移去，同时扰动本身又以声速 a 向四面八方传播，结果扰动所能播及的区域必限于图 8-13 中圆锥区域以内，这个圆锥是一系列扰动球面的包络面，称为**马赫锥**。不同马赫数的马赫波见图 8-14。

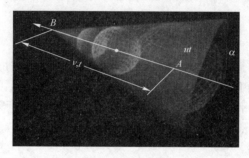

图 8-13 马赫波

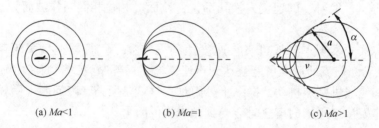

(a) $Ma<1$ (b) $Ma=1$ (c) $Ma>1$

图 8-14 不同马赫数的马赫波

马赫锥是当波源（战机）大于波速（声速）时，波面重叠形成锥状。你可以想象有一个每隔一段时间滴下一滴水的可移动水源，当第二滴水滴落下时，它下落的位置在前一滴水滴的波面前，以此类推，每个水滴的波面（wavefront）就形成了一个锥面。

8.7.3 数学问题

设声音在空气中的传播速度是 v_0，假定某战机正在沿水平方向作匀速直线飞行，战机的速度是 $v(v \geq v_0)$。求该战机飞行时间从 $t=0$ 到 a 后，a 时刻的马赫锥方程。

8.7.4 问题求解

首先，以 $t=0$ 时战机的位置为坐标原点，以战机前进方向作为 x 轴建立空间直角坐标系，为便于观察，z 轴垂直于纸面向外，如图 8-15 所示。

记 $t=a$ 时战机的位置为 $A(va,0,0)$，考虑此时能听到战机声的范围。

在时间段 $[0,a]$ 上的任意时刻 s，战机作为点声源都在发出球面波，这个球面波到 a 时刻的波前半径为 $v_0(a-s)$，球心位置为 $(vs,0,0)$，故波前方程为

$$(x-vs)^2+y^2+z^2=v_0^2(a-s)^2,\quad 0\leqslant s\leqslant a$$

当 s 从 0 变到 a 时，这是一个含参数 s 的球面族。

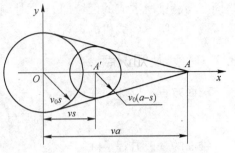

图 8-15　战机飞行坐标图

为了消去参数 s，现将上式两端对 s 求偏导，得

$$v(x-vs)=v_0^2(a-s)$$

由此解得

$$s=\frac{vx-v_0^2 a}{v^2-v_0^2},\quad x-vs=\frac{v_0^2(va-x)}{v^2-v_0^2},\quad a-s=\frac{v(va-x)}{v^2-v_0^2}$$

于是有

$$y^2+z^2=\frac{v_0^2}{v^2-v_0^2}(x-va)^2$$

这是一个以 A 为顶点、以 x 轴为对称轴的圆锥面。

锥面方程 $y^2+z^2=\dfrac{v_0^2}{v^2-v_0^2}(x-va)^2$ 称为**马赫锥方程**，数学上称此锥面为这族球面的包络面。马赫锥所围成的区域即 $t=a$ 时刻能听到战机声音的区域。

事实上，也可这样看，如图 8-16 所示，根据 E,D 两点的坐标，得圆的包络线的方程为

$$y=\pm\tan(\pi-\alpha)\cdot(x-vT)$$

从而马赫锥即为该直线绕 x 轴旋转一周所形成的锥面，即

$$y^2+z^2=\tan^2\alpha\cdot(x-vT)^2$$

代入 α，得

$$y^2+z^2=\frac{v_0^2}{v^2-v_0^2}\cdot(x-vT)^2$$

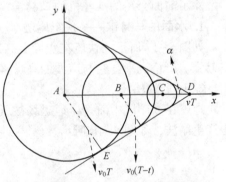

图 8-16　战机飞行坐标图

马赫锥所围成的区域即 $t=T$ 时刻能听到战机声音的区域。

图 8-16 中圆锥（马赫锥）的半顶角称为马赫角，大小为

$$\alpha=\arcsin\frac{v_0}{v}=\arcsin\frac{1}{M}$$

式中：$M=\dfrac{v}{v_0}$ 为战机飞行速度的马赫数。

8.7.5　结果分析

锥面方程 $y^2+z^2=\dfrac{v_0^2}{v^2-v_0^2}(x-va)^2$ 称为**马赫锥方程**，数学上称此锥面为这族球面的包

络面。马赫锥所围成的区域即 $t=a$ 时刻能听到战机声音的区域,只要观察者没有进入该区域,就听不到战机的声音。

8.7.6 涉及知识点

球面方程 设球心在点 (x_0, y_0, z_0),半径为 R,则球面方程为
$$(x-x_0)^2+(y-y_0)^2+(z-z_0)^2=R^2$$

锥面的一般方程 $\dfrac{x^2}{a^2}+\dfrac{y^2}{b^2}=z^2$。

旋转曲面 一条平面曲线 C 绕其平面上一条定直线 L 旋转一周所形成的曲面称为旋转曲面,其中曲线 C 称为旋转曲面的母线,定直线 L 称为旋转曲面的旋转轴。

给定 yOz 面上曲线 $C:\begin{cases}f(y,z)=0\\x=0\end{cases}$,绕 z 轴旋转的旋转面方程为 $f(\pm\sqrt{x^2+y^2},z)=0$,绕 y 轴旋转的旋转面方程为 $f(y,\pm\sqrt{x^2+z^2})=0$。

8.7.7 拓展应用

当战机超声速飞行时,声音来不及传到战机前方,被限制在马赫锥里面,当马赫锥扫过,我们就可以听到剧烈的爆响,称为音爆。而马赫锥的锥面上产生的激波使得空气中的水蒸气被液化,从而形成漂亮的马赫锥图片。

你能根据漂亮的马赫锥图片估计战机超声速飞行时的马赫数吗?

除了前面介绍的战斗机的马赫锥,还要一些类似的现象:

1. 水面的马赫锥——快艇尾迹

如图 8-17 所示,快艇在水面上高速行进时,艇后留下了一条痕迹,即形成**水面的马赫锥**。严格说来,它与声波的马赫锥原理不同,这是色散形成的。

2. 磁场的艏波

地球在太阳风中航行,地磁场被压缩成流线形,于是,像快艇在水面上一样,地球也产生艏波,如图 8-18 所示。

图 8-17 快艇尾迹

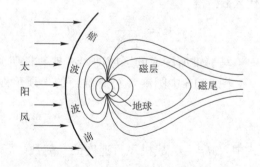

图 8-18 磁场的艏波

太阳风中的艏波的波前称为磁层顶。

3. 电磁波的马赫锥与艏波——切连科夫辐射

虽然电磁波在真空中的传播速度 c 是自然界中最快的,但实物粒子在介质中的速度

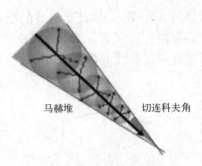

图 8-19 切连科夫辐射

却可能超过电磁波。当带电粒子在透明介质中的运动速度超过那里的光速时，就会发出切连科夫辐射，如图 8-19 所示。它是电磁波的艏波。可以根据它测量高能带电粒子的速度。

习 题 8

1. 假设空气以 32km/h 的速度沿平行 y 轴正向的方向流动。一架飞机在 xOy 平面沿与 x 轴正向成 $\frac{\pi}{6}$ 的方向飞行。若飞机相对于空气的速度是 840km/h，问飞机相对于地面的速度是多少？

2. 在 ABO 血型的人中，可以对各种基因的频率进行研究。如果把四种等位基因 A_1、A_2、B、O 区别开，有人报告了如下的相对频率：

	爱斯基摩人	班图人	英国人	朝鲜人
A_1	0.2914	0.1034	0.2090	0.2208
A_2	0	0.0866	0.0696	0
B	0.0316	0.12	0.0612	0.2069
O	0.6770	06900	0.6602	0.5723
总计	1	1	1	1

问题：一个群体与另一个群体的接近程度如何？

3. 欧拉曾提出一个问题：如何用四面体的六条棱长表示它的体积？

4. 纺织业目前亟待解决的问题：怎样测量纺织绕线机的缠绕丝线长度？目前国内纺织行业主要采取的方法是对丝线密度长度的测量。但是，丝线本身线径很细，质量很轻，而绕线机成品后丝线的长度很长，这就给准确测量带来了很大困难。除了这些问题，还要考虑到丝线越缠越厚、是否容易断线，以及退线方式等问题。所以，一种准确可靠的测量手段亟待出现。为了解决这些实际问题，在数学上，最重要的就是建立合适的数学模型。绕线机的工作过程：①丝线以螺旋方式缠绕到丝线辊上，丝线辊做旋转运动，拨叉做轴向往复运动；②丝线线轴与丝线辊同轴转动，即丝线以恒定速度缠绕在线轴上；③通过拨叉的往复运动，改变缠线位置；④丝线线轴一般为圆台形状，将丝线的线轴延长，就形成了一个圆锥（见下图）。因此，丝线的绕线曲线就可以看成动点在圆锥面上的运动轨迹。所以，要解决上述问题，测得丝线长度，首先就是建立质点在圆锥面上运动的轨迹方程，也即建立空间曲线的参数方程。

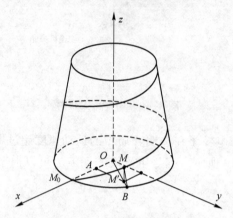

习题 4 图　丝线的圆锥曲线

第9章 多元函数微分学

9.1 油罐检测验收问题

9.1.1 问题提出

在现代战争中，油料是战争的血液，储存油料的油罐（即储油罐，图9-1）的建设无论是平时还是战时都是一个重要的问题。

图9-1 储油罐

一油库需要建一拱顶油罐，经过设计、施工等程序把油罐建好后，如何判定它的理论容积是否验收合格？

9.1.2 问题分析

在油罐建设施工中，产生一定的误差是经常出现的，验收一个新建的油罐，其中一个重要的指标就是看其理论容积是否达到设计要求。对拱顶油罐，其拱顶是不算容积的，拱顶上开了一个孔，目的是测试油高、湿度、温度等储存油品参数，其理论容积是下面圆柱体的体积。新建的油罐验收是否合格，一般可以通过设计的理论容积和建成的实际测量容积的容积增量来判断，增量大于零的，理论容积才算合格。理论容积增量可以利用多元函数全微分的知识来解决。

9.1.3 数学问题

一油库需要建一拱顶油罐，由两部分组成，上面顶部为球缺，下面罐体是圆柱体（图9-2），底圆直径9m，圆柱体高9m。现有一施工单位建成了油罐，但底圆直径增加了0.2m，圆柱体的高降低0.2m，这个油罐的理论容积验收是否合格？

9.1.4 问题求解

设圆柱体油罐的底圆半径为 r m，高为 h m，已知 $V=\pi r^2 h$，则

$$\Delta V \approx V_x \Delta x + V_y \Delta y = 2\pi r h \Delta r + \pi r^2 \Delta h$$
$$r=4.5, \quad h=9$$
$$\Delta r=0.1, \Delta h=-0.2$$

所以 $\Delta V \approx 2\pi \times 4.5 \times 9 \times 0.1 + \pi \times 4.5^2 \times (-0.2) = 12.717$（m³）

可见理论容积增量大于零，所以可判定油罐的理论容积合格。

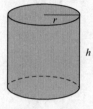

图 9-2　圆柱体

9.1.5 结果分析

一油库需要建一拱顶油罐，由两部分组成，上面顶部为球缺，下面罐体是圆柱体，底圆直径 9m，圆柱体的高 9m。现有已施工单位建成了油罐，但底圆直径增加了 0.2m，圆柱体的高降低 0.2m 时，理论容积增量

$$\Delta V \approx 12.717(\text{m}^3)$$

可见理论容积增量大于零，所以油罐的理论容积合格。

9.1.6 涉及知识点

函数全微分的应用，以二元函数 $z=f(x,y)$ 为例：

$$\Delta z = f(x+\Delta x, y+\Delta y) - f(x,y)$$
$$\mathrm{d}z = z_x \mathrm{d}x + z_y \mathrm{d}y$$
$$\Delta z \approx \mathrm{d}z$$

9.2　炮弹在空中的运行问题

9.2.1 问题提出

在一次军队炮弹射击演习中，需要了解炮弹在空中的运行情况，即炮弹能飞行多远、能到达多高，以及飞行中的速度是多少。

9.2.2 问题分析

炮弹在空中的运行问题是一个路程与速度问题，首先要找到在垂直平面上炮弹运动的位置关系，通过位置变化找到速度的变化规律。

9.2.3 数学问题

一门炮以 600m/s 的初速度射出一发炮弹，此时，炮口向上倾斜 30°，如图 9-3 所示。

（1）求 $t \geq 0$ 时位置向量。

（2）炮弹在空气中停留了多长时间？

(3) 这发炮弹飞行了多远?
(4) 这发炮弹达到多高?
(5) 从炮身到炮弹的着陆点有多远?
(6) 这发炮弹着地时的速率和速度向量是多少? 假设炮口放置在地面上,并且忽略空气阻力。

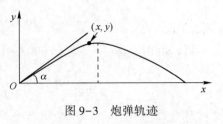

图 9-3 炮弹轨迹

9.2.4 求解问题

(1) 不计空气阻力,普通炮弹的弹道曲线的参数方程为

$$\begin{cases} x(t) = v_0 t \cos\alpha \\ y(t) = v_0 t \sin\alpha - \frac{1}{2} g t^2 \end{cases}$$

式中:$\boldsymbol{v}_0$ 为炮弹的初速度,其大小为 v_0;发射角 $\alpha = 30°$;g 为重力加速度;t 为飞行时间。

$$\boldsymbol{s}(t) = x(t)\boldsymbol{i} + y(t)\boldsymbol{j} = v_0 t \cos\alpha \boldsymbol{i} + v_0 t \sin\alpha \boldsymbol{j} - \frac{1}{2} g t^2 \boldsymbol{j}$$

$$v_0 = 600, \quad \boldsymbol{v}_0 = 300\sqrt{3}\boldsymbol{i} + 300\boldsymbol{j}$$

$t \geqslant 0$ 时的位置向量

$$\boldsymbol{s}(t) = -\frac{1}{2} g t^2 \boldsymbol{j} + 300\sqrt{3} t \boldsymbol{i} + 300 t \boldsymbol{j} = 300\sqrt{3} t \boldsymbol{i} + \left(300 t - \frac{1}{2} g t^2\right) \boldsymbol{j}$$

(2) 当垂直分量是零时炮弹落地,即当 $300t - \frac{1}{2} g t^2 = 0$ 时落地,由此得 $t = 600/g$ 秒。

炮弹在空气中停留了时间 $t = 600/g$ 秒。

(3) 总行程为

$$S = \int_0^{600/g} \left| \frac{\mathrm{d}\boldsymbol{s}(t)}{\mathrm{d}t} \right| \mathrm{d}t$$

式中:S 为 t 时刻炮弹所走路程,而

$$|\boldsymbol{v}(t)| = |\boldsymbol{s}'(t)| = |300\sqrt{3}\boldsymbol{i} + (300 - gt)\boldsymbol{j}|$$
$$= \sqrt{270000 + (300 - gt)^2}$$

于是

$$S = \int_0^{600/g} \sqrt{270000 + (300 - gt)^2} \, \mathrm{d}t$$

第二类换元法,令

$$300 - gt = \sqrt{270000} \tan\theta = 300\sqrt{3} \tan\theta$$

则

$$-g \mathrm{d}t = 300\sqrt{3} \sec^2\theta \mathrm{d}\theta, \quad \mathrm{d}t = (-300\sqrt{3}/g) \sec^2\theta \mathrm{d}\theta$$

此外

$$\sqrt{270000+(300-gt)^2}=300\sqrt{3}\sec\theta$$

当 $t=0$ 时，$\theta=\dfrac{\pi}{6}$；当 $t=600/g$ 时，$\theta=-\dfrac{\pi}{6}$，于是

$$S=-\dfrac{1}{g}\int_{\frac{\pi}{6}}^{-\frac{\pi}{6}}300\sqrt{3}(300\sqrt{3})\sec^3\theta d\theta$$

$$=\dfrac{270000}{g}\int_{\frac{\pi}{6}}^{-\frac{\pi}{6}}\sec^3\theta d\theta=\dfrac{540000}{g}\int_{0}^{\frac{\pi}{6}}\sec^3\theta d\theta$$

$$=\dfrac{270000}{g}(\ln|\sec\theta+\tan\theta|+\sec\theta\tan\theta)\Big|_{0}^{\frac{\pi}{6}}$$

$$=\dfrac{270000}{g}\left(\ln\sqrt{3}+\dfrac{2}{3}\right)\approx 33.467(\text{km})$$

这发炮弹飞行了 33.467km。

(4) 当 $dy/dt=0$ 时达到最大高度，即当 $300-gt=0$，当 $t=300/g$ 时达到最大高度，最大高度为

$$y_{\max}=45000/g\approx 4.5872(\text{km})$$

这发炮弹达到 4.5872km 高。

(5) 在 $600/g$ s 中，$s(t)$ 的 x 分量从 0 增加到 $(300\sqrt{3})\times(600/g)\approx 31780.7\approx 31.8(\text{km})$，因此从炮身到炮弹的着陆点的距离为 31.8km。

(6) $\left|v\left(\dfrac{600}{g}\right)\right|=\sqrt{270000+\left(300-g\times\dfrac{600}{g}\right)^2}=\sqrt{270000+90000}=600(\text{m/s})$

速度向量 $v\left(\dfrac{600}{g}\right)=300\sqrt{3}i+300j$

这发炮弹着地时的速率为 600m/s，速度向量 $v\left(\dfrac{600}{g}\right)=300\sqrt{3}i+300j$。

9.2.5 结果分析

假设炮以 600m/s 的初速度射出一发炮弹，此时，炮口向上倾斜 30°角，炮弹在空气中要飞行 $t=600/g$ 秒，行程 33.467km，这发炮弹达到 4.5872km 的高度，从炮身到炮弹着陆点的距离为 31.78m，这发炮弹着地时的速率为 600m/s。通过计算和得到数据可以知道这发炮弹的飞行参数和它的打击范围。

9.2.6 涉及知识点

向量运算，参数方程求导，速度与分速度的关系

9.3 暴雨中的飞行路线问题

9.3.1 问题提出

飞机在战场上执行任务时，会遇到各种各样复杂的气候条件，这些恶劣的气候条件

给战机安全带来了很大的隐患。比如，据统计每架飞机一年至少遭雷击一次（图9-4），那么在雷雨天气中执行任务时，作为经验丰富的飞行员，应该如何制定战机的规避路线以保证战机的安全呢？

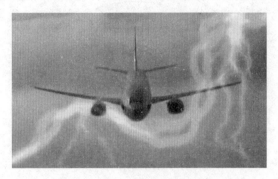

图9-4　飞机被雷击时

9.3.2　问题分析

雷暴区气压很低，执行任务战机要避开雷暴区，就要以最快的速度离开雷暴区，即由气压低的地方尽快向气压高的地方飞行，根据梯度与方向导数的关系知，沿梯度方向导数值最大，所以战机在雷暴区中每一点都应该按梯度方向飞行。

以雷暴区中心为原点，建立如图9-5所示的坐标系，在雷暴时，假设战机的飞行高度不变，则战机应该沿气压上升最快的方向飞行，即在每一点都将按方向导数增加最快的方向飞行，若已知气压函数为 $p(x,y)$，则气压函数偏导数构成的向量的方向就是梯度方向，也就是飞机沿梯度方向飞行时，能够最快飞离雷暴区。

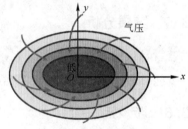

图9-5　雷暴区气压

9.3.3　数学问题

一战机要去执行任务，途中遇到雷暴区，假设战机飞行高度不变，若已知雷暴区的气压函数为 $p(x,y)=x^2+2y^2$，战机现位于点 $P_0(1,2)$，如何制定战机的规避路线？

9.3.4　问题求解

因为战机始终朝气压上升最快的方向飞行，所以在每一点都将按梯度方向运动，气压函数是 $p(x,y)=x^2+2y^2$，战机在雷暴区（图9-6）中每一点都应该按方向导数增加最快，即梯度方向运动：

$$(p_x,p_y)=(2x,4y)$$

设战机的飞行路线函数为 $y=y(x)$，沿 $y=y(x)$ 的任一点的切向量为

$$\mathrm{d}r=(\mathrm{d}x,\mathrm{d}y)$$

因为战机的运动方向与飞行路线的切线方向平行，即

$$(p_x,p_y)//(\mathrm{d}x,\mathrm{d}y)$$

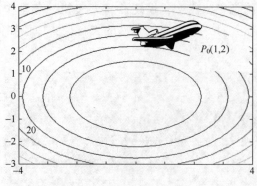

图 9-6 雷击区示意

所以
$$\frac{\mathrm{d}x}{2x}=\frac{\mathrm{d}y}{4y}$$

故战机的飞行路线函数 $y=y(x)$ 满足

$$\begin{cases} \dfrac{\mathrm{d}x}{2x}=\dfrac{\mathrm{d}y}{4y} \\ y(1)=2 \end{cases}$$

解方程得 $y=2x^2$。

9.3.5 结果分析

若雷暴区的气压函数是 $p(x,y)=x^2+2y^2$，则战机在点 $P_0(1,2)$ 处沿着曲线 $y=2x^2$ 飞行，就能以最快的速度离开雷暴区。

9.3.6 涉及知识点

向量代数

可分离变量的微分方程　解法：$\dfrac{\mathrm{d}y}{\mathrm{d}x}=f(x)g(y)$，则分离变量 $\dfrac{\mathrm{d}y}{g(y)}=f(x)\mathrm{d}x$，两边积分即可，即

$$\int \frac{\mathrm{d}y}{g(y)}=\int f(x)\mathrm{d}x$$

方向导数与梯度

方向导数是函数沿着指定方向的变化率

$$\frac{\partial f(x,y)}{\partial l}=\lim_{t\to 0^+}\frac{f(x+t\cos\alpha,y+t\cos\beta)-f(x,y)}{t}$$

梯度　$\mathrm{grad}f=\nabla f(x,y)=(f_x(x,y),f_y(x,y))$

方向导数与梯度的关系：函数沿着梯度方向的变化率最大。

9.3.7 拓展应用

热锅上的蚂蚁　在锅底处有一束火焰，它使金属锅受热，假定热锅的温度分布函数

为 $T(x,y)=100-x^2-4y^2$，在 $(1,-2)$ 处有一个蚂蚁，问这只蚂蚁应沿什么方向爬行才能最快到达较凉快的地点?

问题的实质：应沿由热变冷变化最骤烈的方向（即梯度方向）爬行，如图9-7所示，设逃跑路线为 $y=y(x)$。

因为
$$T(x,y)=100-x^2-4y^2$$

所以
$$\frac{\partial T}{\partial x}=-2x, \quad \frac{\partial T}{\partial y}=-8y$$

所以
$$\frac{\partial T}{\partial l}=(-2x,-8y)\cdot \boldsymbol{e}_l=\sqrt{4x^2+64y^2}\cos\theta$$

显然 $\theta=\pi$ 时，$\frac{\partial T}{\partial l}=-\sqrt{4x^2+64y^2}$ 取最小值。

故蚂蚁的逃跑方向为
$$l=(2x,8y)$$

所以
$$y'=\frac{8y}{2x}=\frac{4y}{x}, \quad 且 \ y(1)=-2$$

解微分方程得
$$y=-2x^4$$

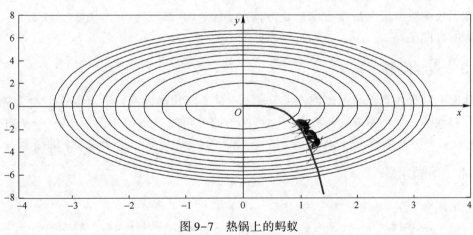

图9-7 热锅上的蚂蚁

9.4 警犬缉毒最佳搜索路线问题

9.4.1 问题提出

在电影、电视剧中经常看到缉毒军警在警犬的帮助下追踪毒贩或者毒品的画面，我缉毒大队截获情报通常只知道毒贩躲藏在某一个区域，或者有一批毒品存放在某地区，具体地点并不确定，缉毒警察只好利用警犬搜索（图9-8）。要想尽快找到毒品，警犬沿什么方向进行搜索呢?

图9-8 缉毒警与缉毒犬

9.4.2 问题分析

毒品在大气中散发着特有的气味，警犬可以根据毒品的气味去搜索，要想尽快找到毒品，一条警犬在某点处嗅到气味后，应该沿着气味最浓的方向搜索，也就是气味变化最大的方向搜索，如图9-9所示。这个问题可以利用梯度与方向导数的知识来解决，因为梯度方向就是方向导数变化最大的方向。

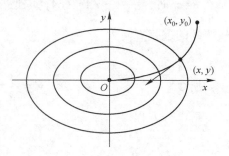

图9-9 警犬搜索的路线

9.4.3 数学问题

地面上某处藏有毒品，以该处为坐标原点建立直角坐标系，已知毒品在大气中散发着特有的气味，设气味浓度在地表 xOy 平面上的分布为 $f(x,y)=\mathrm{e}^{-(2x^2+3y^2)}$，一条警犬在 $(x_0,y_0)(x_0\neq 0)$ 点处嗅到气味后，沿着气味最浓的方向搜索，求警犬搜索的路线。

9.4.4 问题求解

先求函数 $f(x,y)=\mathrm{e}^{-(2x^2+3y^2)}$ 的梯度：

$$\mathrm{grad}f=\nabla f(x,y)=(f_x(x,y),f_y(x,y))=(-4x\mathrm{e}^{-(2x^2+3y^2)},-6y\mathrm{e}^{-(2x^2+3y^2)})$$

设警犬的搜索路线函数为 $y=y(x)$，沿 $y=y(x)$ 的任一点的切向量为

$$\mathrm{d}r=(\mathrm{d}x,\mathrm{d}y)$$

一条警犬沿着气味最浓的方向搜索，就是要沿着气味浓度变化最大的方向搜索，根据方向导数与梯度的关系，即警犬沿着梯度方向去搜索，因此警犬的运动方向与警犬搜索路线的切线方向平行，即

$$(-4x\mathrm{e}^{-(2x^2+3y^2)},-6y\mathrm{e}^{-(2x^2+3y^2)})/\!/(\mathrm{d}x,\mathrm{d}y)$$

即

$$\frac{\mathrm{d}x}{-4x\mathrm{e}^{-(x^2+y^2)}}=\frac{\mathrm{d}y}{-6y\mathrm{e}^{-(x^2+y^2)}}(-4x\mathrm{e}^{-(2x^2+3y^2)},-6y\mathrm{e}^{-(2x^2+3y^2)})$$

化简，得

$$\frac{\mathrm{d}x}{2x}=\frac{\mathrm{d}y}{3y}$$

故警犬的搜索路线函数 $y=y(x)$ 满足

$$\begin{cases} \dfrac{dx}{2x}=\dfrac{dy}{3y} \\ y(x_0)=y_0 \end{cases}$$

解微分方程,得

$$y=\dfrac{y_0}{x_0^{3/2}}x^{3/2}$$

9.4.5 结果分析

若在地表 xOy 平面上的气味浓度分布函数为 $f(x,y)=e^{-(2x^2+3y^2)}$,则警犬在点 (x_0,y_0) $(x_0\neq 0)$ 处只需要沿着曲线 $y=\dfrac{y_0}{x_0^{3/2}}x^{3/2}$ 搜索,就能以最快的速度找到毒品。

9.4.6 涉及知识点

方向导数是函数沿着指定方向的变化率

$$\dfrac{\partial f(x,y)}{\partial l}=\lim_{t\to 0^+}\dfrac{f(x+t\cos\alpha,y+t\cos\beta)-f(x,y)}{t}$$

梯度 $\operatorname{grad}f=\nabla f(x,y)=(f_x(x,y),f_y(x,y))$

方向导数与梯度的关系 函数沿着梯度方向的变化率最大。

可分离变量的微分方程 解法:$\dfrac{dy}{dx}=f(x)g(y)$,则分离变量 $\dfrac{dy}{g(y)}=f(x)dx$,两边积分即可,即

$$\int\dfrac{dy}{g(y)}=\int f(x)dx$$

9.4.7 拓展应用

攀岩是一项惊险刺激的运动,同时也是一项锻炼一个人的意志品质的运动,它要求每一个参加者必须按陡峭的路线攀登,以尽可能快地升高其高度。现有一个攀岩爱好者,要攀登一个表面曲面方程为 $z=125-2x^2-3y^2$ 的山岩,已知他的出发地点是山岩脚下的点 $P_0=(5,5,0)$,请求出其攀岩线路 Γ。

因为已知 Γ 在曲面 Σ 上,所以只要求出 Γ 在 xOy 坐标面上的投影曲线 L 的方程就可以了。由于攀岩的方向在 xOy 坐标面上的投影向量就是函数

$$f(x,y)=125-2x^2-3y^2$$

的梯度方向,即

$$\operatorname{grad}f(x,y)=-4x\boldsymbol{i}-6y\boldsymbol{j}$$

这一方向也就是曲线 L 的切线方向,所以曲线 L 必须满足

$$\dfrac{dx}{-2x}=\dfrac{dy}{-3y}$$

这是一个可分离变量方程,两边积分可得

$$3\ln x = 2\ln y + \ln C,\ 即\ x^3 = Cy^2$$

根据 $x=5$ 时有 $y=5$，所以 $C=5$，从而得到

$$x^3 = 5y^2$$

于是得到 L 的方程为

$$\begin{cases} z = 125 - 2x^2 - 3y^2 \\ x^3 = 5y^2 \end{cases}$$

9.5 抢占牛头山路线问题

9.5.1 问题提出

在战场中，经常遇到这样的情况，为夺取战争的胜利，敌我双方都想尽快占领战场的制高点，为此双方都派出精兵强将，争分夺秒地向该高地急行军，争取首先占领制高点（图9-10），取得战场主动权。根据掌握的地形图，作为我军指挥员应该选择怎样的行军路线，才能抢占制高点？

9.5.2 问题分析

为了便于分析，必须先知道山体的高度函数，才能确定部队的行军路线。根据上级侦测及参照地图，取山底所在的水平面为 xOy 坐标面，建立如图 9-11 所示的坐标系，经测算，假设山体的高度函数为 $h(x,y)$（单位：km），其底部所占的区域范围 $D = \{(x,y)\}$，则山体的形状基本清楚了。抢占山头，就是寻求最短登山路径，即确定从什么地方开始爬山，上山后沿什么路径爬山路径最短。这种问题可以利用条件极值和方向导数、梯度的方法来解决。

图 9-10 抢占牛头山

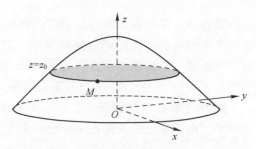

图 9-11 山体坐标

根据梯度与方向导数的关系知，沿梯度方向导数值最大。为此需要在山脚寻找一上山坡度最大的点作为攀登的起点，也就是说，要在 D 的边界线 $h(x,y)=0$ 上找出一点，使该点的梯度达到最大，从而确定攀登起点的位置。然后根据同样的原理在山上确定每一个攀登点，这些攀登点连在一起就组成了攀登路径。

9.5.3 数学问题

设牛头山的底面所在的平面为 xOy 坐标面，小山的高度函数为 $h(x,y)=75-x^2-y^2+xy$，其底部所占的区域为 $D=\{(x,y)\,|\,x^2+y^2-xy\leqslant 75\}$，我军先头部队沿什么路径登山才能尽快占领牛头山？

9.5.4 问题求解

假设部队攀登到点 $M(x,y,z)$，其中 $z=0$ 时就是攀登起点的位置，在平面 $z=z_0$ 上，此时山体的高度函数为

$$h(x,y)=75-x^2-y^2+xy-z_0$$

根据梯度与方向导数的关系知，沿梯度方向导数值最大，且最大方向导数等于梯度的模，故先求点 M 处的梯度

$$\text{grad}\,h(x,y)=(y-2x)\boldsymbol{i}+(x-2y)\boldsymbol{j}$$

设攀登起点的位置为 $M(x,y,z)$，则目标函数（坡度最大）：

$$\begin{aligned}g(x,y)&=|\text{grad}\,h_M|=|(y-2x)\boldsymbol{i}+(x-2y)\boldsymbol{j}|\\&=\sqrt{(y-2x)^2+(x-2y)^2}\\&=\sqrt{5x^2+5y^2-8xy}\end{aligned}$$

问题转化为求 $g(x,y)$ 的最大值，为了方便求偏导数，令

$$f(x,y)=g^2(x,y)=5x^2+5y^2-8xy$$

构造拉格朗日函数

$$\begin{aligned}F(x,y,\lambda)&=f(x,y)+\lambda(75-z_0+xy-x^2-y^2)\\&=5x^2+5y^2-8xy+\lambda(75-z_0+xy-x^2-y^2)\end{aligned}$$

求可能极值点：

$$\frac{\partial F}{\partial x}=10x-8y+\lambda(y-2x)=0 \tag{9-1}$$

$$\frac{\partial F}{\partial y}=10y-8x+\lambda(x-2y)=0 \tag{9-2}$$

$$\frac{\partial F}{\partial \lambda}=75-z_0+xy-x^2-y^2=0 \tag{9-3}$$

式 (9-1) 与式 (9-2) 相加，得

$$(x+y)(2-\lambda)=0$$

从而得 $y=-x$ 或 $\lambda=2$。

若 $\lambda=2$，则由式 (9-1) 得 $y=x$，再由式 (9-3) 得

$$x=\pm\sqrt{75-z_0},\quad y=\pm\sqrt{75-z_0}$$

若 $y=-x$，则由式 (9-3) 得

$$x=\pm\sqrt{\frac{75-z_0}{3}},\quad y=\mp\sqrt{\frac{75-z_0}{3}}$$

于是得到 4 个可能极值点：

$$M_1\left(\sqrt{\frac{75-z_0}{3}}, -\sqrt{\frac{75-z_0}{3}}, z_0\right)$$

$$M_2\left(-\sqrt{\frac{75-z_0}{3}}, \sqrt{\frac{75-z_0}{3}}, z_0\right)$$

$$M_3(\sqrt{75-z_0}, \sqrt{75-z_0}, z_0)$$

$$M_4(-\sqrt{75-z_0}, -\sqrt{75-z_0}, z_0)$$

行军的路线如图 9-12 所示。

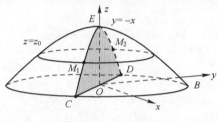

图 9-12　行军路线

分别计算函数值，有
$$f(M_1) = f(M_2) = 6(75-z_0), \quad f(M_3) = f(M_4) = 2(75-z_0)$$
显然 $f(M_1) > f(M_3)$，故 M_1 和 M_2 的坡度最大。

当 $z=0$ 时，$f(M_1)|_{z=0} = f(M_2)|_{z=0} = 450$，可见点 $C(5,-5,0)$ 或点 $C(-5,5,0)$ 的函数值最大，可作为攀登的起点。

因此，最佳攀登起点为点 $C(5,-5,0)$ 或点 $C(-5,5,0)$。最短路线为路径 CE 或 DE。

计算最佳攀登起点的 Matlab 程序如下：

```
[a,x,y]=solve('10*x-8*y+a*(y-2*x)=0','10*y-8*x+a*(x-2*y)=0','75+x
*y-x^2-y^2=0')
g=5.*x.^2+5.*y.^2-8.*x.*y
```

计算结果显示 $f(5,-5,0) = f(-5,5,0) = 450$，可见点 $C(5,-5,0)$ 或点 $C(-5,5,0)$ 的函数值最大，可作为攀登的起点。

9.5.5　结果分析

在山脚下，点 $C(5,-5,0)$ 或点 $C(-5,5,0)$ 处可作为最佳登山起点，在登山的过程中，沿平面 $y=-x$ 与曲面 $z=75-x^2-y^2+xy$ 的交线登山，路径最短。

9.5.6　涉及知识点

方向导数是函数沿着指定方向的变化率
$$\frac{\partial f(x,y)}{\partial l} = \lim_{t \to 0^+} \frac{f(x+t\cos\alpha, y+t\cos\beta) - f(x,y)}{t}$$

梯度　$\mathrm{grad} f = \nabla f(x,y) = (f_x(x,y), f_y(x,y))$。

方向导数与梯度的关系　函数沿着梯度方向的变化率最大。

9.6 营房选址问题

9.6.1 问题提出

在我国漫长的边防线上，广大边防官兵日夜守候在各边防哨所，为了便于管理和利于广大边防官兵的日常生活，哨所及营地一般尽量建在距离公路较近的地方。

根据国际形势的需要，我国在边防线上远离某边防公路的一侧新设了一个哨所，并决定沿着公路的一侧寻址修建营地，以方便哨所和外界的联系。如图 9-13 所示，营地修建在何处能使其和哨所之间的直线距离沿线最短？

图 9-13 营地选址地形

9.6.2 问题分析

营地修建在何处能使其和哨所之间的直线距离沿线最短？该问题的本质是在公路旁边寻找一点，使该点与哨所的直线距离最小。

设以哨所为坐标原点，建立如图 9-14 所示的坐标系，并设公路方程：

$$\begin{cases} \varphi_1(x,y,z)=0 \\ \varphi_2(x,y,z)=0 \end{cases}$$

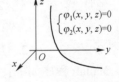

图 9-14 边防公路示意

问题就归结为求距离函数 $d(x,y,z)=\sqrt{x^2+y^2+z^2}$ 的最小值。

9.6.3 数学问题

设某边防公路的方程为 $z=x^2+y^2$ 和 $x+y+z=1$ 的交线，如何在公路线上找一点 $M(x,y,z)$，在该处修建营地，使得哨所（坐标原点）到营地的距离最小？

9.6.4 问题求解

由于哨所在坐标原点，故哨所到营地的距离为

$$d(x,y,z)=\sqrt{x^2+y^2+z^2}$$

为计算简化，将目标函数改写为

$$d^2=x^2+y^2+z^2$$

约束条件为

$$z=x^2+y^2, \quad x+y+z=1$$

问题归结为求函数 $d^2=x^2+y^2+z^2$ 在满足 $z=x^2+y^2$ 和 $x+y+z=1$ 的条件下的极值。

构造拉格朗日函数：

$$L(x,y,z,\lambda_1,\lambda_2)=x^2+y^2+z^2+\lambda_1(x^2+y^2-z)+\lambda_2(x+y+z-1)$$

解方程组求解可能的极值点：

$$L_x=2x+2\lambda_1 x+\lambda_2=0 \tag{9-4}$$

$$L_y=2y+2\lambda_1 y+\lambda_2=0 \tag{9-5}$$

$$L_z=2z-\lambda_1+\lambda_2=0 \tag{9-6}$$

$$L_{\lambda_1}=x^2+y^2-z=0 \tag{9-7}$$

$$L_{\lambda_2}=x+y+z-1=0 \tag{9-8}$$

由式 (9-4) 和式 (9-5) 得 $\quad x=y \tag{9-9}$

再根据式 (9-7)、式 (9-8) 及式 (9-9) 得

$$x=\frac{-1\pm\sqrt{3}}{2}$$

再根据式 (9-6) 得

$$z=2x^2=\frac{2\mp\sqrt{3}}{2}$$

得条件极值的驻点为

$$M_1\left(\frac{\sqrt{3}-1}{2},\frac{\sqrt{3}-1}{2},\frac{2-\sqrt{3}}{2}\right), \quad M_2\left(\frac{-\sqrt{3}-1}{2},\frac{-\sqrt{3}-1}{2},\frac{2+\sqrt{3}}{2}\right)$$

经计算在上述 2 个可能极值点中，$d|_{M_1}=0.5829$ 最小，故营地修建在 $M_1\left(\frac{\sqrt{3}-1}{2},\frac{\sqrt{3}-1}{2},\frac{2-\sqrt{3}}{2}\right)$ 处，能使其和哨所之间距离最小。

Matlab 程序如下：

```
[a,b,x,y,z]=solve('2*x+2*a*x+b=0','2*y+2*a*y+b=0','2*z-a+b=0','x^2+y^2-z=0','x+y+z-1=0')
dd=(x.*x+y.*y+z.*z)^(1/2);
d=double(dd)
```

计算结果显示，去掉两个复数根，则 $d|_{\left(\frac{\sqrt{3}-1}{2},\frac{\sqrt{3}-1}{2},\frac{2-\sqrt{3}}{2}\right)}=0.5829$，函数值最小。

9.6.5 结果分析

经计算，营地修建在 $M_1\left(\frac{\sqrt{3}-1}{2},\frac{\sqrt{3}-1}{2},\frac{2-\sqrt{3}}{2}\right)$ 处，能使其与哨所之间距离最小，最

小距离为 $d|_{M_1} = 0.5829$。

9.6.6 涉及知识点

最值 函数 f 在闭域上连续，则函数 f 在闭域上可达到最值。根据前面分析，最值可疑点只能在驻点及区域边界取得，因此可先求驻点及边界上的最值点。最值可疑点中函数值的最值就是函数的最值。

条件极值 求 $z=f(x,y)$ 在条件 $\varphi(x,y)=0$ 下的极值点。

（1）作拉格朗日函数：
$$L(x,y,\lambda) = f(x,y) + \lambda \varphi(x,y)$$

（2）求解拉格朗日函数的偏导数构成的方程组：
$$\begin{cases} L_x = f_x + \lambda \varphi_x = 0 \\ L_x = f_x + \lambda \varphi_x = 0 \\ L_\lambda = \varphi(x,y) = 0 \end{cases}$$

（3）考查驻点是否为极值点。

9.7 目标飞行器表面温度的分布问题

9.7.1 问题提出

"神6""北斗导航卫星""气象卫星"等飞行器相继被送上太空，我们不禁为我国在探索空间领域方面的不懈努力感到无比自豪！为一代又一代的航空航天科学家们感到骄傲！成绩来之不易，为了让飞行器上天，他们夜以继日地解决了一个又一个难题。例如，飞行器（图9-15）在发射升空的过程中，飞行器的表面温度的变化情况，就涉及制作飞行器材料的选择及制造工艺等方面的问题，在经过测试等方法找到飞行器的表面温度分布函数后，其表面究竟哪一点的温度最高呢？

图 9-15 飞行器

9.7.2 问题分析

为了便于分析求解，假设飞行器表面为一椭球面，一椭球的中心为原点，建立如

图 9-16 所示的坐标系，设目标飞行器表面方程为 $\dfrac{x^2}{a^2}+\dfrac{x^2}{b^2}+\dfrac{x^2}{c^2}=1$，根据测试及历史资料可设飞行器表面的温度函数为 $T(x,y,z)$，那么求飞行器表面温度最高的点可归结为求 $T(x,y,z)$ 在满足条件 $\dfrac{x^2}{a^2}+\dfrac{x^2}{b^2}+\dfrac{x^2}{c^2}=1$ 下的极值点。可利用条件极值的方法来解决。

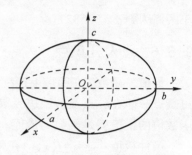

图 9-16 近似为椭球的飞行器

9.7.3 数学问题

已知飞行器表面的方程为 $4x^2+y^2+4z^2=16$，表面的温度函数为 $T=8x^2+4yz-16z+600$，求飞行器表面温度最高的点。

9.7.4 问题求解

求 $T=8x^2+4yz-16z+600$ 在球面 $4x^2+y^2+4z^2=16$ 上的温度最高的点，根据条件极值的方法可求。

（1）作拉格朗日函数：
$$L=8x^2+4yz-16z+600+\lambda(4x^2+y^2+4z^2-16)$$

（2）求解拉格朗日函数的偏导数构成的方程组：

$$L_x=16x+8\lambda x=0 \qquad (9\text{-}10)$$
$$L_y=4z+2\lambda y=0 \qquad (9\text{-}11)$$
$$L_z=4y-16+8\lambda z=0 \qquad (9\text{-}12)$$
$$L_\lambda=4x^2+y^2+4z^2-16=0 \qquad (9\text{-}13)$$

由式（9-10）得
$$\lambda=-2 \quad \text{或} \quad x=0$$

若 $\lambda=-2$，则由式（9-11）和式（9-12）得
$$y=z=-\dfrac{4}{3},\quad x=\pm\dfrac{4}{3}$$

于是得到两个可能的极值点：
$$M_1=\left(\dfrac{4}{3},-\dfrac{4}{3},-\dfrac{4}{3}\right),\quad M_2=\left(-\dfrac{4}{3},-\dfrac{4}{3},-\dfrac{4}{3}\right)$$

若 $x=0$，$x=0$，则由式（9-11）、式（9-12）、式（9-13）得到另外三个可能的极值点：
$$M_3(0,4,0),\quad M_4(0,-2,\sqrt{3}),\quad M_5(0,-2,-\sqrt{3})$$

（3）考查驻点是否是极值点。计算这 5 个可能极值点的函数值，发现 M_1、M_2 两个点的函数值最大：
$$T|_{M_1}=T|_{M_2}=642\dfrac{2}{3}$$

故飞行器表面温度最高的点为 $M\left(\pm\dfrac{4}{3},-\dfrac{4}{3},-\dfrac{4}{3}\right)$。

数学试验：
Matlab 程序如下：

$[a,x,y,z] = \text{solve}('16*x+8*a*x=0','4*z+2*a*y=0','4*y-16+8*a*z=0',$
$'4*x^2+y^2+4*z^2-16=0')$

$TT = 8.*x.*x+4.*y.*z-16.*z+600;$

$T = \text{double}(TT)$

计算结果显示 $T\left(\frac{4}{3},-\frac{4}{3},-\frac{4}{3}\right) = T\left(-\frac{4}{3},-\frac{4}{3},-\frac{4}{3}\right) = 642.6667$，函数值最大。

9.7.5 结果分析

在飞行器表面，拉格朗日函数虽然有 5 个可能的极值点，但只有点 $M\left(\pm\frac{4}{3},-\frac{4}{3},-\frac{4}{3}\right)$ 的温度最高。即在飞行器表面，$M\left(\pm\frac{4}{3},-\frac{4}{3},-\frac{4}{3}\right)$ 处的温度最高。

9.7.6 涉及知识点

最值 函数 f 在闭域上连续，则函数 f 在闭域上可达到最值。根据前面分析，最值可疑点只能在驻点及区域边界取得，因此可先求驻点及边界上的最值点。

条件极值 求 $z=f(x,y)$ 在条件 $\varphi(x,y)=0$ 下的极值点。

（1）构造拉格朗日函数：
$$L(x,y,\lambda) = f(x,y) + \lambda\varphi(x,y)$$

（2）求解拉格朗日函数的偏导数构成的方程组：
$$\begin{cases} L_x = f_x + \lambda\varphi_x = 0 \\ L_x = f_x + \lambda\varphi_x = 0 \\ L_\lambda = \varphi(x,y) = 0 \end{cases}$$

（3）考查驻点是否是极值点。

9.7.7 拓展应用

火箭子级质量设计问题 如何设计火箭各子级的质量（图 9-17），使卫星达到预定速度，但所需的火箭总质量最小？

目标函数为火箭的子级质量之和：
$$M = M_1 + M_2 + M_3$$

约束条件：查资料可知 $v_g = g(M_1, M_2, M_3)$。

$$v_g = g(M_1, M_2, M_3) = c\left[\ln\left(\frac{M_1+M_2+M_3+A}{SM_1+M_2+M_3+A}\right)\right.$$
$$\left. + \ln\left(\frac{M_2+M_3+A}{SM_2+M_3+A}\right) + \ln\left(\frac{M_3+A}{SM_3+A}\right)\right]$$

式中：A 为载荷质量；S 为结构因子；c 为速度因子。

或者为 $\qquad g(M_1, M_2, M_3) - v_g = 0$

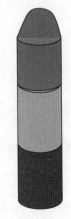

图 9-17 多级火箭

问题的实质：求函数 $M=M_1+M_2+M_3$ 在条件 $v_g=g(M_1,M_2,M_3)$ 约束下的最小值。构造拉格朗日函数：

$$L(M_1,M_2,M_3,\lambda)=M_1+M_2+M_3+\lambda\cdot(g(M_1,M_2,M_3)-v_g)$$

$$=M_1+M_2+M_3+\lambda\cdot\left\{c\left[\ln\left(\frac{M_1+M_2+M_3+A}{SM_1+M_2+M_3+A}\right)\right.\right.$$

$$\left.\left.+\ln\left(\frac{M_2+M_3+A}{SM_2+M_3+A}\right)+\ln\left(\frac{M_3+A}{SM_3+A}\right)-v_g\right]\right\}$$

解方程组

$$\begin{cases} L_{M_1}=0 \\ L_{M_2}=0 \\ L_{M_3}=0 \\ L_\lambda=0 \end{cases}$$

可得可能的极值点。

三子级的质量如下：

$$M_3=AT-A, \quad M_2=(AT-A)T=M_3T, \quad M_1=(AT-A)T^2=M_3T^2$$

其中 $T=\dfrac{(1-S)\sqrt[3]{e^{v_g/c}}}{1-S\sqrt[3]{e^{v_g/c}}}$。

习 题 9

1. 要制造一个体积为 V 圆柱形油罐，问底半径 r 和高 h 等于多少时表面积最小？

2. 某部现有 200 万元，需要紧急购买两型装备。假设购买 Ⅰ、Ⅱ 型装备各 x、y 台的效用函数为

$$U(x,y)=\ln x+\ln y$$

若 Ⅰ、Ⅱ 型装备的单价分别为 8 万元和 10 万元，问如何分配才能达到最满意的效果。

3. 如何设计火箭三子节的质量，使得卫星达到预定速度 v_g，但是要使得火箭总质量 $M=M_1+M_2+M_3$ 最小。其中

$$v_g=g(M_1,M_2,M_3)$$
$$=c\left[\ln\left(\frac{M_1+M_2+M_3+A}{SM_1+M_2+M_3+A}\right)+\ln\left(\frac{M_2+M_3+A}{SM_2+M_3+A}\right)+\ln\left(\frac{M_3+A}{SM_3+A}\right)\right]$$

4. 设 n 个装备组成并联协作装备体系，共同承担同一任务，各自独立完成，额定条件下第 i 个装备任务分配率为 $x_i\in(0,1)$，且 $\sum\limits_{i=1}^{n}x_i=R$，任务完成率预先给定额定值为 $\beta_i\in(0,1)$。则 n 个装备并联体系完成任务率

$$f=\sum_{i=1}^{n}x_i\beta_i$$

最大。求：每个装备任务的最终分配率为多少？若 n 个装备组成串联协作装备体系，则每个装备任务的最终分配率为多少？

第10章 重积分

10.1 拱顶储油罐容积问题

10.1.1 问题提出

油库里有拱顶储油罐（图10-1），拱顶储油罐指罐顶为球罐状、罐体为圆柱形的一种钢制容器，拱顶储油罐制造简单、造价低廉，所以在国内外许多行业应用最为广泛，如何计算拱顶储油罐的容积呢？

图10-1 拱顶储油罐

10.1.2 问题分析

拱顶储油罐是一个曲顶柱体，它的容积可以用求曲顶柱体的体积方法来计算。

10.1.3 数学问题

拱顶储油罐，下部分是圆柱体 $x^2+y^2 \leqslant 4.5^2$，上部分顶为旋转抛物面 $z=11-\dfrac{2.2}{4.5^2}(x^2+y^2)$，计算 $V=\iint\limits_{D} z \mathrm{d}x\mathrm{d}y$。

10.1.4 问题求解

将二重积分 $V=\iint\limits_{D} z \mathrm{d}x\mathrm{d}y$ 转化为二次积分

$$V=\int_{-4.5}^{4.5} \mathrm{d}x \int_{-\sqrt{4.5^2-x^2}}^{\sqrt{4.5^2-x^2}} \left(11-\dfrac{2.2}{4.5^2}(x^2+y^2)\right) \mathrm{d}y$$

由对称性得

$$V = 4\int_0^{4.5} dx \int_0^{\sqrt{4.5^2-x^2}} \left(11 - \frac{2.2}{4.5^2}x^2 - y^2\right) dy$$

再用极坐标

$$V = 4\int_0^{\frac{\pi}{2}} d\theta \int_0^{4.5} \left(11 - \frac{2.2}{4.5^2}r^2\right) r\,dr$$

$$V = 2\pi\left(\frac{11}{2} - \frac{2.2}{4}\right) 4.5^2 = 629.491 \text{m}^3$$

10.1.5 结果分析

该拱顶储油罐的计算体积 629.491m^3，但实际上该拱顶储油罐实际最大能装 500m^3，最常用的容积 $500 \sim 10000\text{m}^3$。

10.1.6 涉及知识点

二重积分 将体积问题用二重积分表示出来，利用二重积分的直角坐标系和极坐标计算出来。

曲顶柱体的顶为连续曲面 $z=f(x,y)$，$(x,y) \in D$，则其体积为 $V = \iint_D f(x,y)\,dxdy$。

10.2 估计湖的平均深度问题

10.2.1 问题提出

在部队武装泅渡中，常常要面对各种复杂的水环境。了解水环境对安全泅渡非常重要。根据水面情况，如何估计一个湖的平均水深等特征参数呢？

10.2.2 问题分析

椭球余弦曲面 $z = -H\cos\left(\frac{\pi}{2}\sqrt{\frac{x^2}{a^2}+\frac{y^2}{b^2}}\right)$（图 10-2）是许多湖泊的湖床形状的较好近似，如何估算湖泊的体积和平均水深？

10.2.3 数学问题

假定湖面的边界为椭圆，若湖的最大水深为 Hm，则椭球余弦曲面函数为 $f(x,y) = -H\cos\left(\frac{\pi}{2}\sqrt{\frac{x^2}{a^2}+\frac{y^2}{b^2}}\right)$，其中 $\frac{x^2}{a^2}+\frac{y^2}{b^2} \leq 1$。求湖中水的立体体积 V（m^3）和平均高度 $\bar{h}$（m）。

10.2.4 问题求解

根据二重积分的几何意义可得

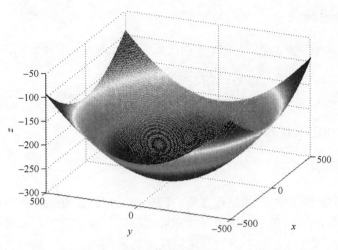

图 10-2 余弦曲面

$$V = \iint_D f(x,y)\,\mathrm{d}x\mathrm{d}y = H\iint_D \cos\left(\frac{\pi}{2}\sqrt{\frac{x^2}{a^2}+\frac{y^2}{b^2}}\right)\mathrm{d}x\mathrm{d}y$$

其中 $D: \dfrac{x^2}{a^2}+\dfrac{y^2}{b^2} \leq 1$。利用广义极坐标变换 $x = ar\cos\theta$，$y = br\sin\theta$ 可得

$$\begin{aligned}
V &= H\int_0^{2\pi}\mathrm{d}\theta\int_0^1 \cos\left(\frac{\pi}{2}r\right)\cdot abr\mathrm{d}r \\
&= 4abH\left[1+\frac{2}{\pi}\cos\left(\frac{\pi}{2}r\right)\right]\bigg|_0^1 \\
&= 4abH\left(1-\frac{2}{\pi}\right) \\
&\approx 1.4535abH
\end{aligned}$$

上述公式可估计湖水的体积。容易证明椭圆的面积为 πab，因此由积分中值定理可知湖水平均深度为

$$\bar{h} = \frac{\iint_D |f(x,y)|\,\mathrm{d}x\mathrm{d}y}{\pi ab} = \frac{4abH\left(1-\dfrac{2}{\pi}\right)}{\pi ab} \approx 0.4535H(\mathrm{m})$$

即 $\dfrac{\bar{h}}{H} \approx 0.4535$。

10.2.5 结果分析

本问题假设了湖的曲面形状，利用积分中值定理求得平均深度。从结果 $\dfrac{\bar{h}}{H} \approx 0.4535$ 可知，在假设湖面呈椭球余弦曲面的情况下，平均水深与最大水深的比值可近似为 0.4535。

10.2.6 涉及知识点

积分中值 设函数 $f(x,y)$ 在闭区域 D 上连续，σ 为 D 的面积，则在 D 上至少存在一点 (ξ,η)，使得 $f(\xi,\eta) = \dfrac{\iint\limits_{D} f(x,y)\,\mathrm{d}\sigma}{\sigma}$，$f(\xi,\eta)$ 值称为函数 $f(x,y)$ 的积分中值，也就是函数 $f(x,y)$ 在闭区域 D 的平均值。

10.2.7 拓展应用

实际中，江河湖泊的水深测量程序为：测量前确定测区范围和测图比例尺、设计图幅、准备图板和展绘控制点、布设测深线和验潮站以及确定验流点和水文站的位置；测量船沿预定的测深线连续测深，并按一定间隔进行测深点定位，同时进行水位观测，确定礁石、沉船等各种航行障碍物的准确位置，探清最浅水深及其延伸范围，并进行底质调查、测定流速和流向并收集水温及盐度等资料；对水深测量的原始资料进行各项改正，检查成果质量并绘制成果图。

内容包括：①深度测量，沿测深线方向，按一定间隔测取待测深度点（称测深点）的深度；②测深点定位，精确地测取测深点的平面位置，用解析法或图解法将测深定位点测绘到图板上；③精度校正，为保证成图质量而认真分析测得资料，对平面控制测量、高程控制测量和测深点定位的精度、航行障碍物探测的完善性、测深线布设的合理性、深度点的密度及等深线勾绘的准确性等进行评价，并用定位点的点位中误差评定定位点的精度。

Matlab 程序如下：

```
x = -500:5:500;
[x,y] = meshgrid(x);
H = 300;
a = 1000;
b = 800;
z = -H * cos(pi/2 * sqrt(x.^2/a^2+y.^2/b^2));
mesh(x,y,z);xlabel('x-axis'),ylabel('y-axis'),zlabel('z-axis');title('mesh');
```

10.3 武警消防车水枪喷水速度与枪口面积关系问题

10.3.1 问题提出

一声哨响，消防官兵紧急出动奔赴火灾现场。火灾是具有巨大破坏力的多发性灾害。消防车又称救火车，是专门用作救火或其他紧急抢救用途的车辆。某武警部队的消防车为水罐消防车，其上装备了消防水泵及器材，以及大容量的储水罐及水枪等，适合扑救一般性火灾。那么，该类消防车是如何灭火的？其水枪喷水速度与枪口面积的关系如何？

10.3.2 问题分析

消防车的水龙带可认为是圆柱体，但喷水枪并不是圆柱体，当然垂直于该管道中心轴的每一个截面仍然总是圆形，而且管道内每个半径为 R 的截面圆上，任一点处的流速 v 与该点到管道中心线的距离 r 之间的函数关系式为

$$v = v_0 \left[1 - \left(\frac{r}{R}\right)^2\right]$$

式中：v_0 为流体在管道截面中心处的流速。

这里喷水枪管道越来越窄，即 R 越来越小，v_0 应该越来越大，因为消防车上的压力泵能使在水流进入水龙带端点处压力始终保持不变，因此在这种情况下，单位时间内流经每个截面的流体的流量（体积）都是一样的。这就是消防车喷水枪高速喷水的原理。

10.3.3 数学问题

已知消防车喷水枪垂直于管道中心轴的截面圆半径为 R，该圆上任一点处流速 v 与该点到管道中心线的距离 r 满足 $v = v_0 \left[1 - \left(\frac{r}{R}\right)^2\right]$，$v_0$ 为流体在管道截面中心处的流速。试证明救火车喷水枪喷水速度与枪口面积成反比。

10.3.4 问题求解

采用微元法的思想，以不变量代变量，计算流量微元，对流量微元在曲面上的积分即为所求的流量，这是一个第二类曲面积分。

因为单位时间内流经每个截面的流体的流量（体积）为

$$V = \iint_D v \, d\sigma = \iint_D v_0 \left[1 - \frac{x^2 + y^2}{R^2}\right] d\sigma = \int_0^{2\pi} d\theta \int_0^R v_0 \left[1 - \frac{\rho^2}{R^2}\right] \rho \, d\rho = \frac{\pi}{2} R^2 v_0$$

对于喷水枪枪口的喷水速度可用平均速度 $\bar{v}$ 来表示：

$$\bar{v} = \frac{V}{A} = \frac{\frac{\pi}{2} R^2 v_0}{\pi R^2} = \frac{1}{2} v_0$$

根据本题题意可知 V 是一个常数，所以有

$$\bar{v} R^2 = \frac{V}{\pi}$$

这就证明了消防车喷水枪速度与枪口面积成反比的结论。

10.3.5 结果分析

一般称通道截面面积最小处为"瓶颈"，也即该截面上任一点处到管道中心线的距离 r 最小，由本题可知，喷水枪喷水速度与枪口面积成反比，从而可知流体在瓶颈处的

流速为最大。

10.3.6 涉及知识点

二重积分的应用——立体体积 曲顶柱体的顶为连续曲面，$z=f(x,y)$，$(x,y)\in D$，则其体积为 $V = \iint\limits_{D} f(x,y) \mathrm{d}x\mathrm{d}y$。

占有空间有界域 Ω 的立体的体积为 $V = \iiint\limits_{\Omega} \mathrm{d}x\mathrm{d}y\mathrm{d}z$。

二重积分的计算——极坐标下二重积分的计算 平面上同一个点，直角坐标与极坐标之间的关系为 $\begin{cases} x=r\cos\theta \\ y=r\sin\theta \end{cases}$，极坐标下二重积分的计算公式为

$$\iint\limits_{D} f(x,y) \mathrm{d}x\mathrm{d}y = \iint\limits_{D} f(r\cos\theta, r\sin\theta) r \mathrm{d}r \mathrm{d}\theta$$

10.3.7 拓展应用

随着工业化的发展，小汽车已成为人们的代步工具，带动了洗车行业的迅猛发展。在用水枪喷水洗车时，当水喷出速度相同但水枪倾斜度不同或水枪倾斜度相同而水喷出速度不同时，水射出的水平距离是不同的，结合表 10-1 的数据，试简单分析何种洗车方式速度最快，即水枪采用何种夹角时，洗车速度最快。

表 10-1 水枪喷水夹角、速度与水平距离间的关系

水枪夹角/(°)	水平距离/m	水枪喷出速度	喷出的水平距离/m
10	0.5	稍小	0.5
30	1.3	稍大	1
45	1.5	较大	1.5
60	1.3	更大	2
80	0.5		

10.4 储油罐中油品的体积问题

10.4.1 问题提出

某油库有若干个储存燃油的地下储油罐，并且有与之配套的"油位计量管理系统"，采用流量计和油位计来测量进/出油量与罐内油位高度等数据，通过预先标定的罐容表（即罐内油位高度与储油量的对应关系）进行实时计算，可以得到罐内油位高度和储油量的变化情况。储油罐使用一段时间后，由于某些自然原因，通常需要重新标定刻度，试确定储油罐的体积。

10.4.2 问题分析

首先根据几何知识运用积分等方法，建立油罐体的油位高度与储油量之间的关系模

型；其次以罐体的中心线为 x 轴，以底部椭圆短半轴为 y 轴，以底部椭圆长半轴为 z 轴建立坐标系，通过垂直 x 轴方向横截油罐，最后对油面（高度）浸过长度分段积分得所求体积。

10.4.3 数学问题

已知储油罐的主体为圆柱体，两端为球冠体，如图 10-3 所示。设油罐的长度 $l = 8\text{cm}$，实际油罐体距离中油浮子最近的距离 $l_1 = 2\text{cm}$，实际油罐体距离中油浮子最远的距离 $l_2 = 6\text{cm}$，R 为球冠体外接球的半径，r 为圆柱体底面的半径，试确定该油罐体的体积。

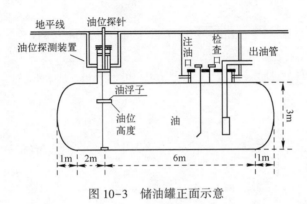

图 10-3 储油罐正面示意

10.4.4 问题求解

建立空间直角坐标系，如图 10-4 所示。储油罐中油的体积可分成两个部分，分别是圆柱体中油的体积 V_z 和两个球冠体中油的体积 $V_{g,h}$（其中 h 为油高），即

$$V = V_z + 2V_{g,h}$$

首先计算球冠体的体积。
球面方程为
$x^2 + y^2 + (z+d)^2 = R^2$ （其中 $d = |AO|$，R 为球冠体的半径）
由图 10-4 可得

$$V_{g,h} = \iint_\sigma z \, d\sigma$$

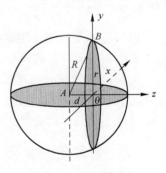

图 10-4 球冠体坐标

此时球冠体的体积可表示为

$$V_{g,h} = 2 \int_{-r}^{h-r} \int_0^{\sqrt{R^2-d^2-y^2}} (\sqrt{R^2 - x^2 - y^2} - d) \, dx dy$$

$$= 2 \int_{-r}^{h-r} \int_0^{\sqrt{r^2-y^2}} \sqrt{R^2 - x^2 - y^2} \, dx dy$$

$$- 2 \int_{-r}^{h-r} \sqrt{r^2 - y^2} \, dy, h \in [0, 2r]$$

其中 r 为圆柱体的半径，计算可得

$$V_{g,h} = \sqrt{R^2-r^2}\left(\frac{r^2\arcsin\left(\frac{h-r}{r}\right)}{2} + \frac{(h-r)\sqrt{r^2-(h-r)^2}}{2} + \frac{\pi r^2}{4}\right)$$
$$+ 2\int_{-r}^{h-r}(R^2-y^2)\arcsin\left(\frac{\sqrt{r^2-y^2}}{\sqrt{R^2-y^2}}\right)dy$$
$$-\left(dr^2\arcsin\left(\frac{h-r}{r}\right) + d(h-r)\sqrt{r^2-(h-r)^2} + \frac{\pi dr^2}{2}\right)$$

然后计算罐体中间部分的体积 V_z：

$$V_z = Sl = \left(2\int_{r}^{h-r}\sqrt{r^2-y^2}\,dy\right)l$$
$$= \left((h-r)\sqrt{2hr-r^2} + r^2\arcsin\left(\frac{h-r}{r}\right) + \frac{\pi r^2}{2}\right)l$$
$$= l(h-r)\sqrt{2hr-r^2} + r^2 l\arcsin\left(\frac{h-r}{r}\right) + \frac{\pi l r^2}{2}$$

将上述结果代入公式得

$$V = V_z + 2V_{g,h}$$
$$= \frac{1}{2}\left[\pi l r^2 + \frac{2\pi}{3}(R-\sqrt{R^2-r^2})^2(2R+\sqrt{R^2-r^2})\right] + \pi(h-r)R^2 - \frac{\pi(h-r)^3}{3}$$
$$+ l(h-r)\sqrt{r^2-(h-r)^2} - \frac{4(h-r)}{3}\sqrt{R^2-r^2}\sqrt{r^2-(h-r)^2}$$
$$+ \left[lr^2 - \frac{2}{3}\sqrt{R^2-r^2}(2R^2+r^2)\right]\times\arcsin\left(\frac{h-r}{\sqrt{r^2-(h-r)^2}}\right)$$
$$+ \frac{2}{3}\left[(h-r)^3 - 3(h-r)R^2\right]\arctan\left(\frac{\sqrt{R^2-r^2}}{\sqrt{r^2-(h-r)^2}}\right) + \frac{4}{3}R^3\arctan\left(\frac{(h-r)\sqrt{R^2-r^2}}{R\sqrt{r^2-(h-r)^2}}\right)$$

10.4.5 结果分析

（1）在水平状态下测量高度与溶液容量的关系模型，然后转化为纵向和横向变位测量高度与溶液容量的模型，逐渐深入分析。

（2）利用微积分和近似转换的思想使体积的计算更简洁，误差又很小。

（3）该模型思想同时适合其他不规则形状在水平或者倾斜状态下的情况，可以推广到其他不规则形状测量高度与溶液容量的计算，并可以应用于水位测量等。

10.4.6 涉及知识点

直角坐标下二重积分的计算　化二重积分为二次积分时，确定积分限是关键，积分限是根据积分区域 D 确定的。

方法：先画出积分区域 D 的图形，再用平行于坐标轴的直线穿过区域，根据直线与区域边界最多交于两点的原则来判定该区域是 x 型、y 型还是需要分割区域。若积分区域既是 x 型区域又是 y 型区域，为计算方便，可选择积分序，必要时还可以交换积分序。若区域既不属于 x 型，也不属于 y 型，则必须分割，在判断分割后的每个小区域是

x 型还是 y 型,然后分别使用积分公式。

当积分区域为 x 型区域:
$$D:\begin{cases} a \leqslant x \leqslant b \\ \varphi_1(x) \leqslant y \leqslant \varphi_2(x) \end{cases}$$

则
$$\iint_D f(x,y)\,d\sigma = \int_a^b dx \int_{\varphi_1(x)}^{\varphi_2(x)} f(x,y)\,dy$$

当积分区域为 y 型区域:
$$D:\begin{cases} c \leqslant y \leqslant d \\ \varphi_1(y) \leqslant x \leqslant \varphi_2(y) \end{cases}$$

则
$$\iint_D f(x,y)\,d\sigma = \int_c^d dy \int_{\varphi_1(y)}^{\varphi_2(y)} f(x,y)\,dx$$

10.4.7 拓展应用

本章讨论的是储油罐无变体的情况,对于有倾斜角的纵向变位储油罐的刻度标记问题,需将其分解为两部分,首先,搞清楚储油罐罐体变位对储油罐罐容表的影响,即罐体发生变位后,罐内油量和罐内液面高度之间的关系变化,通过实验数据检测所求关系的准确性,并做误差分析,给出修正后的罐容表;其次,通过对储油罐进出油量的实际数据检测来识别罐体是否变位,如何变位,即找出罐内储油量与油位高度及变位参数之间的函数关系。确定变位参数后重新标定罐容表。试对该情况进行相关分析。

10.5 航天器密封舱在海面上的溅落问题

10.5.1 问题提出

航天器的回收可以选择陆地降落、海面溅落或在空中由飞机直接钩取 3 种方式。当采取海面溅落时,密封舱乘主伞下降时调整其悬挂姿态,必须以稳定的"竖立状态",使底面的锐边首先着水,利用海水的缓冲作用使密封舱着水冲击过载大为减小,以达到安全溅落的目的。那么设计人员在设计此类航天器时,航天器密封舱的底半径与顶部圆锥的高应设计为怎样的比例?设计好底半径后是否可以确定密封舱的质量上限?

10.5.2 问题分析

航天器密封舱溅落于海面上后,要求密封舱必须以稳定的"竖立状态"上浮着,即要求它只是有部分球面浸没于水中,如图 10-5 所示。假定密封舱内的仪器设备都均匀地安排在空间各位置,确定该密封舱所对应立体的质心即可。密封舱质量的上限为一临界状态:质心恰好在海水面上,即密封舱的重力恰好为此时的浮力。

图 10-5 航天器溅落海面

10.5.3 数学问题

一个航天器密封舱质量为 M kg，其底部是一个半径为 R m 的半球，顶部是一个高为 H m 的圆锥，在溅落于海面上后，要求密封舱必须以稳定的"竖立状态"上浮着，即要求它只有部分球面浸没于水中，假定密封舱内的仪器设备都是均匀地安排在空间各位置的。

（1）试求 H 与 R 的比例关系；
（2）当 $R=2$ m 时，求密封舱质量 M 的上限。

10.5.4 问题求解

为简化问题，假定密封舱内的设备是均匀排列的，从而面密度可理解为常量。利用球体质心计算公式即可确定质心。

（1）根据题意可认为密封舱是一个密度为常数的立体 Ω，建立空间直角坐标系后，根据对称性可知其质心为 $G=(0,0,\bar{z})$，我们的目标是希望 $\bar{z}<0$。

先求 Ω 关于 xOy 坐标面的静矩：

$$\iiint_\Omega z \, dV = \int_{-R}^{H} z \, dz \iint_{D_z} d\sigma$$

$$= \int_{-R}^{0} \pi(R^2 - z^2) z \, dz + \int_0^H \pi \left[\frac{R}{H}(H-z)\right]^2 z \, dz$$

$$= \frac{\pi}{12} R^2 (H^2 - 3R^2)$$

要做到 $\bar{z}<0$，只要一阶矩小于零就可以了，这就必须有 $\dfrac{H}{R} < \sqrt{3}$。

（2）密封舱质量的上限也就是在各种极端状态下密封舱质量的临界值 M_0，这个极端状态就是：

① 密封舱不会翻倒，即刚好有 $\bar{z}=0$，也就是 $H=\sqrt{3}R$；
② 刚好仅有半球面部分浸没于水中，密封舱的重力恰好为此时的浮力，即

$$\left(\frac{2}{3}\pi R^3\right)\rho g = M_0 g$$

所以

$$M_0 = \frac{2}{3}\pi \rho R^3 \approx 16755 \text{ (kg)}$$

也就是说，密封舱的质量不能超过 16755kg。

10.5.5 结果分析

要使航天器密封舱溅落于海面上后，密封舱必须以稳定的"竖立状态"上浮着，密封舱的底半径 R 与顶部圆锥的高 H 须满足 $\dfrac{H}{R}<\sqrt{3}$。同时当底半径确定时，如设 $R=2\text{m}$，可确定密封质量的上限为 16755kg。

10.5.6 涉及知识点

空间立体的质心 设有一空间立体，体积为 V，其密度 $\rho(x,y,z)$ 在 V 上连续，则它的重心坐标为

$$\bar{x}=\frac{\iiint\limits_{V} x\rho(x,y,z)\mathrm{d}x\mathrm{d}y\mathrm{d}z}{\iiint\limits_{V} \rho(x,y,z)\mathrm{d}x\mathrm{d}y\mathrm{d}z},\quad \bar{y}=\frac{\iiint\limits_{V} y\rho(x,y,z)\mathrm{d}x\mathrm{d}y\mathrm{d}z}{\iiint\limits_{V} \rho(x,y,z)\mathrm{d}x\mathrm{d}y\mathrm{d}z},\quad \bar{z}=\frac{\iiint\limits_{V} z\rho(x,y,z)\mathrm{d}x\mathrm{d}y\mathrm{d}z}{\iiint\limits_{V} \rho(x,y,z)\mathrm{d}x\mathrm{d}y\mathrm{d}z}$$

三重积分的计算

① 直角坐标系下三重积分的计算。假设空间区域 Ω：$a\leqslant x\leqslant b$，$y_1(x)\leqslant y\leqslant y_2(x)$，$z_1(x,y)\leqslant z\leqslant z_2(x,y)$，则三重积分

$$\iiint\limits_{\Omega} f(x,y,z)\mathrm{d}v=\int_a^b\mathrm{d}x\int_{y_1(x)}^{y_2(x)}\mathrm{d}y\int_{z_1(x,y)}^{z_2(x,y)}f(x,y,z)\mathrm{d}z$$

② 柱面坐标下三重积分的计算。假设空间区域 Ω：$\alpha\leqslant\theta\leqslant\beta$，$r_1(\theta)\leqslant r\leqslant r_2(\theta)$，$z_1(r,\theta)\leqslant z\leqslant z_2(r,\theta)$，则三重积分

$$\iiint\limits_{\Omega} f(x,y,z)\mathrm{d}x\mathrm{d}y\mathrm{d}z=\int_\alpha^\beta\mathrm{d}\theta\int_{r_1(\theta)}^{r_2(\theta)}r\mathrm{d}r\int_{z_1(r,\theta)}^{z_2(r,\theta)}f(r\cos\theta,r\sin\theta,z)\mathrm{d}z$$

10.6 龙卷风做功问题

10.6.1 问题提出

环球军事网国际在线专稿：据澳大利亚新闻网 2013 年 5 月 22 日报道，美国多位气象专家估计，袭击美国俄克拉荷马市及其郊区的龙卷风释放的惊人能量远超曾经炸平日本广岛的原子弹威力。这种程度的龙卷风及其罕见，专家认为，这是地理、气象以及厄运结合的产物。龙卷风既然能释放出巨大的能量，试计算龙卷风所做的功。

10.6.2 问题分析

龙卷风经过处房屋盖上下产生压强差，导致房盖被掀起。压强差产生的原因是屋顶上方空气流速大、压强小，小于屋内压强。将问题简化，假定龙卷风只做单纯的圆周运动，可确定其速度函数，利用动能定理来计算其做功。

10.6.3 数学问题

在一个简化的龙卷风模型中，假定速度只取单纯的圆周方向，其大小为 $v(r,z) = \Omega r e^{-\frac{z}{h} - \frac{r}{a}}$，其中 r,z 是柱坐标的两个坐标变量，Ω, h, a 为常量。以地面龙卷风中心处作为坐标原点，如果大气密度 $\rho(z) = \rho_0 e^{-\frac{z}{h}}$，求运动的全部动能。

10.6.4 问题求解

先求动能 E。由 $E = \frac{1}{2}mv^2$，微元素

$$dE = \frac{1}{2}v^2 \times \Delta m = \frac{1}{2}v^2 \times \rho \times dV$$

故

$$E = \frac{1}{2}\iiint_V \rho_0 e^{-\frac{z}{h}} (\Omega r e^{-\frac{z}{h} - \frac{r}{a}})^2 dV$$

因为龙卷风经过时，其活动空间很大，在选用柱坐标计算中，z 由 $0 \to +\infty$，r 由 $0 \to +\infty$，则

$$E = \frac{1}{2}\rho_0 \Omega^2 \int_0^{2\pi} d\theta \int_0^{+\infty} r^2 e^{-\frac{2r}{a}} r dr \int_0^{+\infty} e^{-\frac{3z}{h}} dz$$

利用分部积分法可算得

$$\int_0^{+\infty} r^2 e^{-\frac{2r}{a}} r dr = \frac{4}{8}a^4$$

$$\int_0^{+\infty} e^{-\frac{3z}{h}} dz = -\frac{h}{3} e^{-\frac{3z}{h}} \Big|_0^{+\infty} = \frac{h}{3}$$

最后有

$$E = \frac{1}{2}\rho_0 \Omega^2 \times 2\pi \times \frac{3}{8}a^4 \times \frac{h}{3} = \frac{h\rho_0 \pi}{8}\Omega^2 a^4$$

利用动能定理，合外力做的功等于物体动能的改变量。

10.6.5 结果分析

假设外面的气压骤降为 $1.01325 \times 10^5 \times 8\% = 9.3219 \times 10^4 \text{Pa}$，此时产生一个压强差，约为 $8.106 \times 10^5 \text{Pa}$，由 $F = PS$ 得到，此时会产生一个由屋内向屋外的力：$F = 8.106 \times 10^5 \text{N}$。这相当于 1000 个男性成年人的推力之和，当然，不光是天花板，墙壁也受到向外的力。试想这种力突然产生，会将屋顶立刻掀翻，犹如屋内发生爆炸一样。以上的计算只是假设气压下降了 8%，这个值还算比较保守，在不少情况下气压降落要大得多，产生的爆炸力要强得多。由上述可知，如果龙卷风经过时，为了防止大风、大雨和经常出现的冰雹的侵袭而把门窗关闭，只会使气压差增加，爆炸力增强。

10.6.6 涉及知识点

柱面坐标下三重积分的计算 设 $M(x,y,z) \in \mathbf{R}^3$，将 x, y 用极坐标 ρ, θ 代替，则 (ρ, θ, z) 就称为点 M 的柱坐标。显然，点 M 的直角坐标与极坐标的关系为

在柱面坐标下体积元素为 $dv = rdrd\theta dz$。故有

$$\iiint_\Omega f(x,y,z)dxdydz = \iiint f(r\cos\theta, r\sin\theta, z) rdrd\theta dz$$

计算三重积分时,一般总是将积分区域 Ω 投影到 $rO\theta$ 平面上,记 Ω 在 $rO\theta$ 平面上的投影为 D,则将三重积分化为

$$\iiint_\Omega f(r\cos\theta, r\sin\theta, z) rdrd\theta dz = \iint_D rdrd\theta \int_{z_1(r,\theta)}^{z_2(r,\theta)} f(r\cos\theta, r\sin\theta, z)dz$$

10.6.7 拓展应用

试确定龙卷风来时在哪一位置速度具有最大值。

在上述简化模型中,由 $v(r,z) = \Omega r e^{-\frac{z}{h}-\frac{r}{a}}$ 可得

$$\begin{cases} \dfrac{\partial v(r,z)}{\partial z} = \Omega r \left(-\dfrac{1}{h}\right) e^{-\frac{z}{h}-\frac{r}{a}} = 0 & (10\text{-}1) \\ \dfrac{\partial v(r,z)}{\partial r} = \Omega \left(e^{-\frac{z}{h}-\frac{r}{a}} + r\left(-\dfrac{1}{a}\right) e^{-\frac{z}{h}-\frac{r}{a}} \right) = 0 & (10\text{-}2) \end{cases}$$

由式(10-1)得 $r=0$,或 $r=a$,显然,当 $r=0$ 时 $v=\Omega r e^{-\frac{z}{h}-\frac{r}{a}} = 0$,不是最大值(实际上是最小值),舍去。由式(10-1)得 $r=a$,此时 $v(a,z) = \Omega a e^{-1} e^{-\frac{z}{h}}$,它是 z 的单调下降函数。故 $r=a$,$z=0$ 处速度最大,也就水平面上风眼边缘处速度最大。

习 题 10

1. 飓风的能量有多大。在一个简化的飓风模型中,假定速度只取单纯的圆周方向,其大小为 $V(r,z) = \Omega r e^{-\frac{z}{h}-\frac{r}{a}}$,其中 r,z 是柱坐标的两个坐标变量,Ω,h,a 为常量。以海平面飓风中心处作为坐标原点,如果大气密度 $\rho(z) = \rho_0 e^{-\frac{z}{h}}$,求运动的全部动能。并问在哪一位置速度具有最大值?(Ω 为角速度,a 为风眼半径,一般为 15~25km,大的可达 30~50km。h 为等温大气高度,ρ_0 为地面大气密度,在飓风中,由于气压很大,ρ_0 的变化也很大,这里是理想化模型,认为它们是常数,与飓风的级别无关)

2. 覆盖全球需要多少颗卫星。一颗地球同步轨道通信恒星的轨道位于地球的赤道平面内,且可近似认为是圆轨道。若使通信卫星运行的角速率与地球自转的角速率相同,即人们看到它在天空不动。问卫星距地面的高度 h 应为多少?试计算一颗通信卫星的覆盖面积。如果要覆盖全球,需多少颗这类卫星?(地球半径 $R=6400$km)

3. 地球环带的面积。地球面上平行于赤道的线称为纬线,两条纬线之间的区域叫作环带。假定地球是球形的,试证明任何一个环带的面积均为 $S = 2\pi Rh$,其中 R 是地球的半径,h 是构成环带的两条纬线之间的距离(两纬线间的距离指的是它们所在的两平行平面间的距离,而不是所夹经线的长度)。

第11章 曲线积分与曲面积分

11.1 侦察卫星覆盖面积问题

11.1.1 问题提出

侦察卫星主要用于对其他国家或是地区进行情报搜集，其携带的广角高分辨率摄像机能监视其"视线"所及地球表面的每一处景象并进行摄像，如图11-1所示。利用卫星搜集情报既可避免侵犯领空的纠纷，又因操作高度较高，可避免受到攻击，具有侦察面积大、速度快、效果好、可长期或连续监视以及不受国界和地理条件限制等优点。现有一侦察卫星在通过地球两极上空的圆形轨道上运行，要使卫星在一天的时间内将地面上各处的情况都拍摄下来，试测算卫星距离地面的高度，以及侦察卫星的覆盖面积。

图 11-1 侦查卫星

11.1.2 问题分析

一颗地球同步轨道侦察卫星的轨道位于地球赤道平面内，且可近似认为是圆形轨道。侦察卫星运行的角速率与地球自转的角速率相同，即人们看到它在天空不动。则卫星绕地球做圆周运动时万有引力提供向心力，结合牛顿第二定律，即可确定卫星的高度；当卫星距离地面高度已知时，其覆盖面积可用球冠面积来确定或者利用曲面积分计算。

11.1.3 数学问题

已知地球半径为 $R = 6400 \text{km}$，重力加速度 $g = 9.8 \text{m/s}$，卫星运行的角速度 ω 与地球

自转的角速度相同。问卫星距地面的高度 h 应为多少？并计算该卫星的覆盖面积。

11.1.4 问题求解

由受力分析结合牛顿第二定律，先确定卫星的高度；当卫星距离地面高度已知时，其覆盖面积可用球冠面积来确定。

设卫星距地面高度 h。卫星所受的万有引力为 $G\dfrac{Mm}{(R+h)^2}$，卫星所受离心力为 $m\omega^2(R+h)$。其中 M 为地球质量，m 为卫星质量，ω 为卫星运行的角速率，G 为万有引力常数。根据牛顿第二定律

$$G\frac{Mm}{(R+h)^2}=m\omega^2(R+h)$$

所以

$$(R+h)^3=\frac{GM}{\omega^2}=\frac{GM}{R^2}\cdot\frac{R^2}{\omega^2}=g\frac{R^2}{\omega^2}$$

式中：g 为重力加速度常数。

将 $g=9.8$，$R=6400000$，$\omega=\dfrac{2\pi}{24\times 3000}$ 代入上式，则有

$$h=\sqrt[3]{g\frac{R^2}{\omega^2}}-R$$

$$=\sqrt[3]{9.8\frac{6400000^2\times 24^2\times 3600^2}{4\pi^2}}-6400000$$

$$\approx 36000000(\mathrm{m})=36000(\mathrm{km})$$

取地心为坐标原点，地心到卫星中心的连线为 z 轴建立坐标系，如图 11-2 所示。

卫星的覆盖面积为

$$S=\iint\limits_{\Sigma}\mathrm{d}S$$

式中：Σ 是上半球面 $x^2+y^2+z^2=R^2(z\geqslant 0)$ 上被圆锥角 β 所限定的曲面部分。

$$S=\iint\limits_{D_{xy}}\sqrt{\left(\frac{\partial z}{\partial x}\right)^2+\left(\frac{\partial z}{\partial y}\right)^2+1}\,\mathrm{d}x\mathrm{d}y$$

$$=\iint\limits_{D_{xy}}\frac{R}{\sqrt{R^2-x^2-y^2}}\mathrm{d}x\mathrm{d}y$$

$$D_{xy}:x^2+y^2\leqslant R^2\sin^2\beta$$

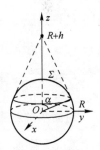

图 11-2 卫星覆盖示意

利用极坐标变换

$$S=\int_0^{2\pi}\mathrm{d}\theta\int_0^{R\sin\beta}\frac{R}{\sqrt{R^2-r^2}}r\mathrm{d}r=2\pi R\int_0^{R\sin\beta}\frac{r}{\sqrt{R^2-r^2}}\mathrm{d}r$$

$$=2\pi R\left[-\sqrt{R^2-r^2}\,\right]\Big|_0^{R\sin\beta}=2\pi R(R-\sqrt{R^2-R^2\sin^2\beta})$$

$$= 2\pi R^2(1 - \cos\beta)$$

由于 $\cos\beta = \sin\alpha = \dfrac{R}{R+h}$，代入上式得

$$S = 2\pi R^2\left(1 - \dfrac{R}{R+h}\right) = 2\pi R^2 \dfrac{h}{R+h} = 4\pi R^2 \dfrac{h}{2(R+h)}$$

注意到地球的表面积为 $4\pi R^2$，可知因子 $\dfrac{h}{2(R+h)}$ 恰为卫星覆盖面积与地球表面积的比例系数。将 $R = 6.4 \times 10^6$，$h = 36 \times 10^6$ 代入，得

$$\dfrac{h}{2(R+h)} = \dfrac{36 \times 10^6}{2(36+6.4)\times 10^6} \approx 2.19 \times 10^{14}(\text{m}^2)$$
$$= 2.19 \times 10^8(\text{km}^2)$$

注：已知卫星离地面距离 h 时，其覆盖面积也可以用球冠面积公式 $S = 2\pi RH$（R 为球半径，H 为球缺高）直接计算。显然

$$H = R - R\cos\beta = R\left(1 - \dfrac{R}{R+h}\right) = \dfrac{Rh}{R+h}$$

故 $S = 2\pi RH = 2\pi R^2 \dfrac{h}{R+h}$。

11.1.5 结果分析

由上述计算过程知，通信卫星的覆盖面积与地球表面积的比为

$$\dfrac{S}{4\pi R^2} = \dfrac{h}{2(R+h)} = \dfrac{36 \cdot 10^6}{2(36+6.4)\cdot 10^6} \approx 40.5\%$$

该结果表明，卫星覆盖了地球表面 $\dfrac{1}{3}$ 以上的面积，故使用三颗相隔 $\dfrac{2\pi}{3}$ 角度的通信卫星就可以覆盖地球全表面。

11.1.6 涉及知识点

牛顿第二定律 物体的加速度跟物体所受的合外力 F 成正比，跟物体的质量成反比，加速度的方向跟合外力的方向相同，即 $F_{合} = ma$。

对面积的曲面积分计算公式 设有光滑曲面 $\Sigma: z = z(x,y)$，$(x,y) \in D_{xy}$，$f(x,y,z)$ 在 Σ 上连续，则曲面积分 $\iint\limits_{\Sigma} f(x,y,z)\,\mathrm{d}S$ 存在，且有

$$\iint\limits_{\Sigma} f(x,y,z)\,\mathrm{d}S = \iint\limits_{D_{xy}} f(x,y,z(x,y))\sqrt{1 + z_x^2(x,y) + z_y^2(x,y)}\,\mathrm{d}x\mathrm{d}y$$

对坐标的曲面积分计算公式 设光滑曲面 $\Sigma: z = z(x,y)$，$(x,y) \in D_{xy}$ 取上侧，$R(x,y,z)$ 是 Σ 上的连续函数，则

$$\iint\limits_{\Sigma} R(x,y,z)\,\mathrm{d}x\mathrm{d}y = \iint\limits_{D_{xy}} R(x,y,z(x,y))\,\mathrm{d}x\mathrm{d}y$$

如果积分曲面 Σ 取下侧，则

$$\iint\limits_{\Sigma} R(x,y,z)\,\mathrm{d}x\mathrm{d}y = -\iint\limits_{D_{xy}} R(x,y,z(x,y))\,\mathrm{d}x\mathrm{d}y$$

若 $\Sigma: x = x(y,z), (y,z) \in D_{yz}$，则有

$$\iint\limits_{\Sigma} P(x,y,z)\mathrm{d}y\mathrm{d}z = \pm \iint\limits_{D_{yz}} P(x(y,z),y,z)\mathrm{d}y\mathrm{d}z(\text{前正后负})$$

若 $\Sigma: y = y(z,x), (z,x) \in D_{zx}$，则有

$$\iint\limits_{\Sigma} Q(x,y,z)\mathrm{d}z\mathrm{d}x = \pm \iint\limits_{D_{zx}} Q(x,y(z,x),z)\mathrm{d}z\mathrm{d}x(\text{右正左负})$$

11.2 拱顶油罐外表面积问题

11.2.1 问题提出

储油罐是指灌顶为球冠状，罐体为圆柱形的一种容器，油品具有较高的腐蚀性，如果储油罐的防腐措施不当，将会发生严重的泄漏，不仅影响油品的使用，而且对环境也会造成很大程度的污染，带来火灾危险。为了防腐，需要计算拱顶油罐的表面积。

一油库有一拱顶储油罐（图 11-3），底圆直径 9m，顶高 2.2m，总高 11m，顶为旋转抛物面，其方程为 $z = 11 - \dfrac{2.2}{4.5^2}(x^2 + y^2)$，该拱顶储油罐的外表面积是多少？

图 11-3　拱顶储油罐

11.2.2 问题分析

拱顶储油罐是由两部分组成，下半部分是一个圆柱体，上半部分是一个由旋转抛物面做成的拱顶，分别计算出两部分的表面积，然后合起来就是整个拱顶储油罐的表面积了，此处的表面积是裸露在外的表面积，不含底部面积。

11.2.3 数学问题

可以将储油罐看成一个曲顶柱体，下半部分是圆柱体，表面积就是底圆周长乘柱体的高，上半部分是一个旋转抛物面（曲面），可以利用曲面面积公式求其表面积。

11.2.4 问题求解

建立坐标如图 11-4 所示。

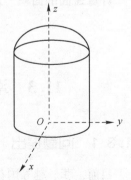

图 11-4　拱顶储油罐示意

$$曲顶方程\ z = 11 - \frac{2.2}{4.5^2}(x^2+y^2)$$

$$底圆方程\ x^2+y^2 = 4.5^2$$

下半部分圆柱体的底圆半径为 4.5m，圆柱体的高为 8.8m，故圆柱体的外表面积为

$$S_1 = 2\pi \cdot R \cdot h = 2\pi \times 4.5 \times 8.8 = 248.688(\text{m}^2)$$

上半部分曲面的面积为

$$S_2 = \iint_{x^2+y^2 \leq 4.5^2} \sqrt{1 + z_x^2 + z_y^2}\, dxdy$$

将 $z = 11 - \frac{2.2}{4.5^2}(x^2+y^2)$ 代入，得

$$S_2 = \iint_{x^2+y^2 \leq 4.5^2} \sqrt{1 + \left(\frac{4.4}{4.5^2}\right)^2 x^2 + \left(\frac{4.4}{4.5^2}\right)^2 y^2}\, dxdy$$

将二重积分转化为二次积分：

$$S_2 = \int_{-4.5}^{4.5} dx \int_{-\sqrt{4.5^2-x^2}}^{\sqrt{4.5^2-x^2}} \sqrt{1 + \left(\frac{4.4}{4.5^2}\right)^2 x^2 + \left(\frac{4.4}{4.5^2}\right)^2 y^2}\, dy$$

利用极坐标，得

$$S_2 = \int_0^{2\pi} d\theta \int_0^{4.5} \sqrt{1 + \left(\frac{4.4}{4.5^2}\right)^2 r^2} \cdot r\, dr = 77.33(\text{m}^2)$$

工程上计算拱顶面积的方法为拱顶面积是底圆面积的 1.25 倍，即

$$1.25 \times \pi \times R^2 = 79.48(\text{m}^2)$$

工程的值与理论计算值相差不大。

11.2.5 结果分析

圆柱体的外表面积为 $S_1 = 248.688(\text{m}^2)$，拱顶的表面积 $S_2 = 77.33(\text{m}^2)$，拱顶储油罐的所有的外表面积为 $S = S_1 + S_2 = 326.018(\text{m}^2)$。

11.2.6 涉及知识点

计算曲面的面积 $\Sigma: z = z(x,y), (x,y) \in D_{xy}$

$$\iint_\Sigma dS = \iint_\Sigma \sqrt{1 + z_x^2 + z_y^2}\, dxdy$$

11.3 潮涨潮落时小岛露出海面的面积比问题

11.3.1 问题提出

目前，菲、越等国在其非法侵占的中国南沙岛礁上进行大规模填海造地和军事建设，中方对此表示严重关切和坚决反对。"填海"成为目前的军事热点。实际上，我国领海内存在很多海岛，在涨潮落潮期间，陆地表面的面积会发生很大的变化，因此讨论其涨潮和

落潮期间陆地表面积的变化,对我们在海岛上的开发、军事建设具有重大意义。

11.3.2 问题分析

海岛的陆地表面其实就是数学问题中的一个曲面,所以只要我们把海岛陆地表面的曲面公式求得即可进行分析,由曲面公式 $S(h)$ 可知曲面面积和高度 h 有关,根据潮起潮落的高度 h 的不同可以求得其不同的面积。

11.3.3 数学问题

一个海岛其陆地表面的曲面方程为

$$z = 10^2 \left(1 - \frac{x^2 + y^2}{10^6}\right)$$

落潮时的海平面就是坐标平面 $z=0$,而涨潮时的海平面对应于平面 $z=6$,求涨潮时和落潮时海岛露出海面的面积之比。

11.3.4 问题求解

海岛的陆地表面可转化为一曲面方程,海岛露出海面的面积即为所求曲面的面积。

先求出海岛陆地面曲面在 $Z \geq h$ ($0 \leq h \leq 100$) 范围内 Σ_h 部分的面积 $S(h)$,由于 Σ_h 在 xOy 坐标平面上的投影区域为

$$D = \left\{(x,y) \,\middle|\, 0 \leq x^2 + y^2 \leq 10^6 \left(1 - \frac{h}{100}\right)\right\}$$

而

$$\frac{\partial z}{\partial x} = -\frac{2x}{10^4}, \frac{\partial z}{\partial y} = -\frac{2y}{10^4}$$

所以

$$S(h) = \iint_D \sqrt{1 + \left(\frac{\partial z}{\partial x}\right)^2 + \left(\frac{\partial z}{\partial y}\right)^2} \, dxdy = \iint_D \sqrt{1 + \frac{x^2 + y^2}{25 \times 10^6}} \, dxdy$$

$$= \int_0^{2\pi} d\theta \int_0^{100\sqrt{100-h}} \sqrt{1 + \frac{\rho^2}{25 \times 10^6}} \rho \, d\rho = \frac{5\pi}{3} \times \left[\frac{\rho^2}{25 \times 10^6}\right]^{\frac{3}{2}} \Bigg|_0^{100\sqrt{100-h}}$$

$$= \frac{5\pi}{3} \times 10^7 \left[\left(1 + \frac{\rho^2}{25 \times 10^6}\right)^{\frac{3}{2}} - 1\right]^{\frac{3}{2}}$$

所求之比为

$$\frac{S(6)}{S(0)} = \frac{\left(1 + \frac{100-6}{2500}\right)^{\frac{3}{2}} - 1}{\left(1 + \frac{100-0}{2500}\right)^{\frac{3}{2}} - 1} \approx 93.94\%$$

11.3.5 结果分析

潮汐时海水周期性涨落现象,拉普拉斯从数学上证明了是由太阳和月亮(主要是

月亮）的引力造成的。潮汐目前不仅是重要的旅游资源，而且对航海、渔业、军事等都有重要影响。由上述分析知，潮涨潮落时海岛的面积会有很大变化，其比值约为 93.94%。

11.3.6 涉及知识点

定积分应用——曲面面积　设曲面 S 的方程为 $z=f(x,y)$，D 是曲面 S 在 xOy 平面上的投影区域，$z=f(x,y)$ 在 D 上有连续偏导数 f_x，f_y。则曲面 S 的面积为

$$A = \iint_D \sqrt{1 + f_x^2(x,y) + f_y^2(x,y)}\,\mathrm{d}\sigma \ \text{或}\ A = \iint_D \sqrt{1 + \left(\frac{\partial z}{\partial x}\right)^2 + \left(\frac{\partial z}{\partial y}\right)^2}\,\mathrm{d}x\mathrm{d}y$$

二重积分的计算——极坐标下二重积分的计算　平面上同一个点，直角坐标与极坐标之间的关系为 $\begin{cases} x = r\cos\theta \\ y = r\sin\theta \end{cases}$，极坐标下二重积分的计算公式为

$$\iint_D f(x,y)\,\mathrm{d}x\mathrm{d}y = \iint_D f(r\cos\theta, r\sin\theta)\,r\mathrm{d}r\mathrm{d}\theta$$

11.3.7 拓展应用

实际上求出了 $S(h)$，一切与 h 有关的问题也就都能得到解决了。例如对于下面的补充问题：问涨潮高度 h 为多大时，涨潮时和落潮时海岛露出海面的面积之比为 80%？

我们可以通过解方程 $\dfrac{S(h)}{S(0)} = \dfrac{\left(1 + \dfrac{100-h}{2500}\right)^{\frac{3}{2}} - 1}{\left(1 + \dfrac{100-0}{2500}\right)^{\frac{3}{2}} - 1} = 80\%$，解得 $h \approx 19.84(\mathrm{m})$。

此外，本例中陆地曲面方程已确定，对于不同的陆地曲面方程，可类似计算潮涨和潮落时海岛的面积之比。

11.4　某海域面积计算问题

11.4.1　问题提出

海域面积非常大，怎么算出一块特定海域的面积呢？

11.4.2　问题分析

利用目前的先进测量工具：GPS 面积测量仪（图 11-5），手持测量仪绕行测量区域一周，仪器自动记录行进封闭路线中若干点的坐标，并利用自动计算器（图 11-6）计算出所围绕的区域的面积。

通过测封闭曲线若干坐标点，得到封闭的边界曲线，并得到封闭曲线所围的区域，能否通过封闭曲线来计算所围区域的面积呢？

图 11-5 GPS 测量仪

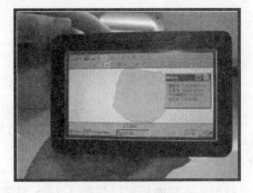
图 11-6 自动计算器

11.4.3 数学问题

这是一个利用封闭曲线求面积的问题，可以利用格林公式来计算：

$$\iint_D \left(\frac{\partial Q}{\partial x} - \frac{\partial P}{\partial y}\right) dxdy = \oint_L Pdx + Qdy, \quad A = \frac{1}{2}\oint_L xdy - ydx$$

11.4.4 问题求解

GPS 面积测量仪的数学原理：利用 GPS 测出 $A_1, A_2, A_3, \cdots, A_n$，由这 n 个点连接成一个封闭曲线，构成平面闭区域（图 11-7），这个封闭的曲线就是闭区域的边界曲线，利用多边形顶点坐标计算多边形区域的面积。

$$L = A_1A_2A_3\cdots A_nA_1 = \overline{A_1A_2} \cup \overline{A_2A_3} \cup \overline{A_3A_4} \cup \cdots \cup \overline{A_nA_1}$$

设 D 是平面有界闭区域，区域 D 的面积为

$$S = \iint_D dxdy = \frac{1}{2}\oint_L xdy - ydx$$

式中：L 为 D 的正向边界曲线。

$$S = \iint_D dxdy = \frac{1}{2}\oint_{\overline{A_1A_2}+\overline{A_2A_3}+\cdots+\overline{A_nA_1}} xdy - ydx$$

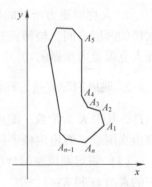
图 11-7 封闭曲线示意

先计算 $\int_{\overline{A_1A_2}} xdy - ydx$。

有向线段 $\overline{A_1A_2}$ 的参数方程为

$$\begin{cases} x = x_1 + t(x_2 - x_1) \\ y = y_1 + t(y_2 - y_1) \end{cases} t: 0 \to 1$$

$$\int_{\overline{A_1A_2}} xdy - ydx$$
$$= \int_0^1 \{[x_1 + t(x_2 - x_1)](y_2 - y_1) - [y_1 + t(y_2 - y_1)](x_2 - x_1)\} dt$$
$$= x_1y_2 - y_1x_2 = \begin{vmatrix} x_1 & y_1 \\ x_2 & y_2 \end{vmatrix}$$

$$\int_{A_iA_{i+1}} x\mathrm{d}y - y\mathrm{d}x = \begin{vmatrix} x_i & y_i \\ x_{i+1} & y_{i+1} \end{vmatrix} \quad (1 \leq i \leq n, A_{n+1} = A_1)$$

多边形区域的面积

$$S = \frac{1}{2}\sum_{i=1}^{n}\begin{vmatrix} x_i & y_i \\ x_{i+1} & y_{i+1} \end{vmatrix} \quad (n \geq 3, A_{n+1} = A_1)$$

其中$(x_1, y_1), (x_2, y_2)\cdots(x_n, y_n)$为多边形各顶点的坐标。

11.4.5 结果分析

我国南海的面积可以借助于 GPS 测位仪，实测的各顶点坐标，再通过公式即可得到。

11.4.6 涉及知识点

格林公式

$$\iint_D \left(\frac{\partial Q}{\partial x} - \frac{\partial P}{\partial y}\right)\mathrm{d}x\mathrm{d}y = \oint_L P\mathrm{d}x + Q\mathrm{d}y, \quad A = \frac{1}{2}\oint_L x\mathrm{d}y - y\mathrm{d}x$$

习 题 11

1. 人克服重力所做的功。一栋大楼的旋转楼梯是圆柱螺旋线形，其半径为5m，在大楼的两层之间，楼梯转一整圈并上升4m。现有一体重为70kg的人空手上一层楼，求此人克服重力所做的功。

2. 飓风的环流量。环绕xOy平面上的原点的自由涡所对应的向量场为$v = \frac{K}{x^2+y^2}(-y\boldsymbol{i}+x\boldsymbol{j})$，其中$K$为常数。飓风的金兰（RanKine）模型假定：以定常角速度旋转的内核被自由涡围绕。假定内核半径为100m，在距中心100m处$|v| = 3 \cdot 10^5 \mathrm{m/h}$。

（1）假定飓风逆时针旋转（从xOy平面上方俯视），且速度场v连续，试确定下式中的常数ω和K：

$$v = \begin{cases} \omega(-y\boldsymbol{i}+x\boldsymbol{j}), & \sqrt{x^2+y^2} < 100 \\ \dfrac{K}{x^2+y^2}(-y\boldsymbol{i}+x\boldsymbol{j}), & \sqrt{x^2+y^2} \geq 100 \end{cases}$$

（2）计算v关于中心在原点、半径为r且为逆时针方向圆周的环流量。

3. 球壳对质点的引力。设一均匀球壳（密度为1）所在曲面方程为$\Sigma: x^2+y^2+z^2 = R^2$，质量为$m$的质点位于$(0,0,a)$（$a>0$）处且不在球壳上，求球壳对质点的引力。

第 12 章 无穷级数

12.1 原子弹在爆炸时的威力问题

12.1.1 问题提出

核武器是指利用能自持进行核裂变或聚变反应释放的能量，产生爆炸作用，并具有大规模杀伤破坏效应的武器的总称。原子弹就是利用核裂变释放出来的巨大能量来起杀伤作用的一种武器。在第二次世界大战中，原子弹在日本广岛、长崎的巨大破坏作用让世人惊骇，正是看到了原子弹的巨大威力，各国都千方百计地争相发展自己的核武器，那么原子弹爆炸时（图 12-1），威力为什么如此大？究竟有多大？

图 12-1 原子弹爆炸

12.1.2 问题分析

原子弹与核反应堆一样，依据的同样是核裂变链式反应。原子弹里用于裂变的材料是铀或钚两种元素的同位素铀-235 或钚-239。它们的原子核在接受到一个中子后，就会分裂成大小、质量差不多的两个原子核，还会放出中子，有的多达 6 个中子，平均放出 2.5 个，同时释放大量的能量，差不多是 5 千万倍碳原子燃烧产生的能量。也就是说，一个中子引起的核裂变，会分成两个原子核，会放出 2.5 个中子，释放巨量的能量，而这些中子又会引起周围原子核的裂变，于是就会像雪崩一样引起一连串的原子核裂变，这个过程称为链式反应，如图 12-2 所示。

12.1.3 数学问题

原子弹在爆炸时产生的能量主要来自于裂变过程中总的质量亏损所产生的能量总和。设核裂变的各项条件满足，假定铀-235 核吸收一个中子后，裂变成溴-85 核和

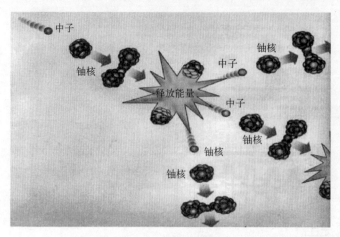

图 12-2 核裂变过程

镧-148 核,同时放出三个中子,链式反应可以连续发生 50 次,设 s_i 为第 i 次参与裂变的铀核总数(即裂变总数)。则有

$$a_1=1, a_2=3, a_2=3^2, \cdots, a_{50}=3^{49}$$

那么一共发生了 $S_{50}=1+3+3^2+\cdots+3^{49}$ 次裂变,根据资料显示,一个铀核裂变产生的核能近似为 3.108×10^{-11} J,依此可以计算原子弹爆炸产生的能量。

12.1.4 问题求解

链式反应可以连续发生 50 次,则参与裂变的铀核总数(裂变总次数)为

$$S_{50}=1+3+3^2+\cdots+3^{49}$$

$$S_{50}=\frac{1\times(1-3^{50})}{1-3}=\frac{3^{50}-1}{2}\approx 3.6\times10^{23}(\text{个})$$

根据资料显示,一个铀核裂变产生的核能近似为 3.108×10^{-11} J,则裂变瞬间产生的能量总和为

$$E\approx 3.108\times10^{-11}\times 3.6\times10^{23}\approx 1.115\times10^{13}(\text{J})$$

12.1.5 结果分析

根据计算,一次原子弹爆炸,产生了 1.115×10^{13} J 的能量,这相当于燃烧 30 万吨煤所产生的热量。

12.1.6 涉及知识点

等比数列求和 设首项 a_1,项数 n,公比 q,通项 a_n,则和 S_n 为

$$S_n=\begin{cases}na_1, & q=1\\ \dfrac{a_1-a_1q^n}{1-q}=\dfrac{a_1-a_nq}{1-q}, & q\neq 1\end{cases}$$

12.1.7 拓展应用

分期付款被很多商家看作抢占市场份额的有效手段,为迎合消费者的心理,商家各

尽所能，但是面对商家和银行提供的各种分期付款服务，请大家查阅相关资料，思考选择什么样的付款方式最好。

12.2 追踪运动信号源问题

12.2.1 问题提出

军事战略中有诸多追击问题。当追击者追踪一个运动的信号源时，需要不断地改变其搜索方向，因此会在平面内形成一个折线路径图，假定其按照相邻两折线间等夹角，且每一步长是前一步长的一半的规律，追击者最终能否逮住这个运动信号源，试确定最终逮住这个运动信号源的位置。

12.2.2 问题分析

追踪运动的信号源时须不断改变其搜索方向，可假定追击者在平面内走出一个折线图：满足相邻两折线间等夹角，且每一步长是前一步长的一半的规律。将上述问题数学化，建立平面坐标系。则追击者的路径为：首先从点 O（记为 P_0）走到点 P_1，$\overrightarrow{P_0P_1}$ 与 x 轴正向夹角为 α，$|\overrightarrow{P_0P_1}| = l$，再从点 P_1 走到点 P_2，$\overrightarrow{P_1P_2}$ 与 $\overrightarrow{P_0P_1}$ 夹角也为 α，但 $|\overrightarrow{P_1P_2}| = \frac{1}{2}|\overrightarrow{P_0P_1}|$，如图 12-3 所示，又从点 P_2 走到点 P_3，$\overrightarrow{P_2P_3}$ 与 $\overrightarrow{P_1P_2}$ 夹角也为 α，但 $|\overrightarrow{P_2P_3}| = \frac{1}{2}|\overrightarrow{P_1P_2}|$，……，按此规律一直追踪下去，结合图形得出各向量的数学表达，从而终点向量表示为一傅里叶级数和。

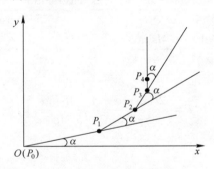

图 12-3 追踪信号源路线

我们要做的就是证明该傅里叶级数是收敛的，并求其前 n 项的和。

12.2.3 数学问题

已知 $\overrightarrow{P_0P_1}$ 与 x 轴正向夹角为 α，$\overrightarrow{P_iP_{i+1}}$ 与 $\overrightarrow{P_{i+1}P_{i+2}}$ 间的夹角均为 α，且 $|\overrightarrow{P_{i+1}P_{i+2}}| = \frac{1}{2}|\overrightarrow{P_iP_{i+1}}|$，$i = 0, 1, 2, \cdots$，判断 $\overrightarrow{OP}$ 对应级数的敛散性，若收敛，确定终点坐标。

12.2.4 问题求解

这个问题可利用复数的形式，并借助欧拉公式来解，会更方便一些。

由于

$$\overrightarrow{P_0P_1}=l\{\cos\alpha,\sin\alpha\},\overrightarrow{P_1P_2}=\frac{l}{2}\{\cos2\alpha,\sin2\alpha\},$$

$$\cdots,\overrightarrow{P_nP_{n+1}}=\frac{l}{2^n}\{\cos(n+1)\alpha,\sin(n+1)\alpha\},\cdots$$

所以

$$\overrightarrow{OP}=\sum_{n=0}^{\infty}\overrightarrow{P_nP_{n+1}}=\sum_{n=0}^{\infty}\frac{l}{2^n}\{\cos(n+1)\alpha,\sin(n+1)\alpha\}$$

上述等式右端项向量级数等价于复数项级数

$$\sum_{n=0}^{\infty}\frac{l}{2^n}\mathrm{e}^{(n+1)\alpha i}$$

这是一个以 $\dfrac{\mathrm{e}^{\alpha i}}{2}$ 为公比的等比级数，由于

$$\left|\frac{\mathrm{e}^{\alpha i}}{2}\right|=\frac{1}{2}<1$$

所以该级数是收敛的，根据等比级数求和公式可知其和为

$$S=\frac{l\mathrm{e}^{\alpha i}}{1-\dfrac{l\mathrm{e}^{\alpha i}}{2}}=\frac{2l(\cos\alpha+i\sin\alpha)}{2-(\cos\alpha+i\sin\alpha)}=\frac{2l(\cos\alpha+i\sin\alpha)(2-\cos\alpha+i\sin\alpha)}{(2-\cos\alpha-i\sin\alpha)(2-\cos\alpha+i\sin\alpha)}$$

$$=\frac{2l[(2-\cos\alpha)\cos\alpha-\sin^2\alpha]}{5-4\cos\alpha}+i\frac{2l[\cos\alpha\sin\alpha+(2-\cos\alpha)\sin\alpha]}{5-4\cos\alpha}$$

$$=\frac{2l(2\cos\alpha-1)}{5-4\cos\alpha}+i\frac{4l\sin\alpha}{5-4\cos\alpha}$$

所以，所求之点为

$$P=\left(\frac{2l(2\cos\alpha-1)}{5-4\cos\alpha},\frac{4l\sin\alpha}{5-4\cos\alpha}\right)$$

12.2.5 结果分析

由此可见，在这样的追踪轨迹下，追击者最终是可以逮住信号源的，信号源的位置坐标为

$$P=\left(\frac{2l(2\cos\alpha-1)}{5-4\cos\alpha},\frac{4l\sin\alpha}{5-4\cos\alpha}\right)$$

12.2.6 涉及知识点

几何级数

$$\sum_{n=0}^{\infty}aq^n=a+aq+aq^2+\cdots+aq^n+\cdots(a\neq0)$$

当 $|q|<1$ 时，等比级数收敛，其和为 $\dfrac{a}{1-q}$；当 $|q| \geqslant 1$ 时，等比级数发散。

傅里叶系数和傅里叶级数的定义 设 $f(x)$ 是周期为 2π 的周期函数，且

$$f(x) = \frac{a_0}{2} + \sum_{n=1}^{\infty} (a_n \cos nx + b_n \sin nx) \qquad (11-1)$$

右端级数可逐项积分，则有

$$\begin{cases} a_n = \dfrac{1}{\pi} \int_{-\pi}^{\pi} f(x) \cos nx \mathrm{d}x, & n = 0, 1, 2, \cdots \\ b_n = \dfrac{1}{\pi} \int_{-\pi}^{\pi} f(x) \sin nx \mathrm{d}x, & n = 1, 2, 3, \cdots \end{cases} \qquad (11-2)$$

由式（11-2）确定的 a_n，b_n 称为函数 $f(x)$ 的傅里叶系数；以 $f(x)$ 的傅里叶系数为系数的三角级数式（11-1）称为 $f(x)$ 的傅里叶级数。

向量加法的三角形法则 将 n 个向量首尾相接，首向量的起点为起点，末向量的终点为终点。

12.3 雷达发射信号探测目标问题

12.3.1 问题提出

雷达是"无线电探测与定位"的缩写，其基本任务是探测感兴趣的目标，测定目标的距离、方向、速度等状态参数。图 12-4 所示为军用雷达。

雷达发射机（图 12-5）产生足够的电磁能量，经过收发转换开关传递给天线。天线将这些电磁能量辐射至大气中，集中在一个很窄的方向上形成波束，并向前传播。电磁波遇到目标后，将沿着各个方产生反射，其中的一部分电磁能量反射回雷达的方向，被雷达天线获取。天线获取的能量经过收发转化开关送到接收机，形成雷达的回波信号。

图 12-4 军用雷达

图 12-5 雷达发射机

由于在传播过程中电磁波会随着传播距离而衰减，因此雷达回波信号非常微弱，几乎被噪声所淹没。接收机放大微弱的信号，经过信号处理机，可以提取出包含在回波中的信息，并在显示器上表示出目标的距离、方向、速度等。

1. 目标的状态参数

（1）距离：$S=\dfrac{CT}{2}$。其中，S 是目标距离；T 为电磁波从雷达到目标的往返传播时间；C 为光速。

（2）方向：雷达测定目标的方向是利用天线的方向来实现的。两坐标雷达只能测定目标的方位角，三坐标雷达可以测定方位角和俯仰角。因此，常常使用多雷达协同测定。

（3）速度：雷达测速是利用物理学中的多普勒原理，即当目标和雷达之间存在相对位置运动时，目标回波的频率就会发生改变，其改变量称为多普勒平移，可用于确定目标的相对径向速度。

2. 雷达级数参数

根据波形来分，雷达主要分为脉冲雷达和连续波雷达。目前，常用的是脉冲雷达。其主要技术参数有工作频率（波长）、脉冲重复时间、脉冲宽度、发射功率、天线波速宽度、天线波速扫描方式、接收机灵敏度等。

可以用一个简单的示意图（图 12-6）表示雷达探测目标的方式。

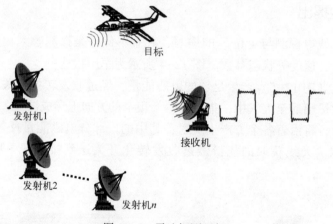

图 12-6　雷达探测目标

脉冲雷达的发射机会以一定的周期发射脉冲信号，可以将这个信号看成数学中的一个周期函数。如何将一个周期函数写成多个不同频率的简谐振动的迭加呢？

12.3.2　问题分析

通常，正弦函数被用来描述简谐振动。不同的频率意味着要将周期函数展开成多个频率不同的正弦函数的和，即将其展开成三角级数，如果三角级数中的系数由傅里叶公式计算得到，则可以进一步将其展开成傅里叶级数。

12.3.3 数学问题

如设 $f(x)$ 是周期为 2π 的周期函数，它在 $[-\pi,\pi)$ 上的表达式为

$$f(x)=\begin{cases}-1, & -\pi\leqslant x<0 \\ 1, & 0\leqslant x<\pi\end{cases}$$

将 $f(x)$ 展成傅里叶级数。

12.3.4 问题求解

先求傅里叶系数

$$a_n=\frac{1}{\pi}\int_{-\pi}^{\pi}f(x)\cos nx\mathrm{d}x=\frac{1}{\pi}\int_{-\pi}^{0}(-1)\cos nx\mathrm{d}x+\frac{1}{\pi}\int_{0}^{\pi}1\cdot\cos nx\mathrm{d}x$$

$$=0 \quad (n=0,1,2,\cdots)$$

$$b_n=\frac{1}{\pi}\int_{-\pi}^{\pi}f(x)\sin nx\mathrm{d}x=\frac{1}{\pi}\int_{-\pi}^{0}(-1)\sin nx\mathrm{d}x+\frac{1}{\pi}\int_{0}^{\pi}1\cdot\sin nx\mathrm{d}x$$

$$=\frac{1}{\pi}\left[\frac{\cos nx}{n}\right]_{-\pi}^{0}+\frac{1}{\pi}\left[\frac{-\cos nx}{n}\right]_{0}^{\pi}=\frac{2}{n\pi}[1-\cos nx]$$

$$=\frac{2}{n\pi}[1-(-1)^n]=\begin{cases}\dfrac{4}{n\pi}, & n=1,3,5,\cdots \\ 0, & n=2,4,6,\cdots\end{cases}$$

$$f(x)=\frac{4}{\pi}\left[\sin x+\frac{1}{3}\sin 3x+\cdots\frac{1}{2k-1}\sin(2k-1)x+\cdots\right]$$

$$(-\infty<x<+\infty,x\neq 0,\pm\pi,\pm 2\pi,\cdots)$$

$$f(x)=\frac{4}{\pi}\left[\sin x+\frac{\sin 3x}{3}+\frac{\sin 5x}{5}+\frac{\sin 7x}{7}+\frac{\sin 9x}{9}+\cdots\right]$$

$$(-\infty<x<+\infty,x\neq 0,\pm\pi,\pm 2\pi,\cdots)$$

说明：

（1）根据收敛定理可知，当 $x=k\pi(k=0,\pm 1,\pm 2,\cdots)$ 时，级数收敛于 $\dfrac{-1+1}{2}=0$。

（2）傅里叶级数的部分和逼近 $f(x)$ 的情况如图 12-7 和图 12-8 所示。

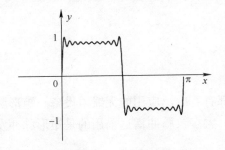

图 12-7 二十一次谐波图像

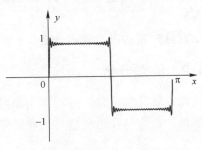

图 12-8 五十一次谐波图像

12.3.5 结果分析

参与迭加的谐波函数的个数越多,各个谐波函数和的图像与周期函数的图像越接近。通常,雷达的信号处理器接收到这些谐波函数和的图像后,会根据一定的原则和方法将噪声等干扰信号去除,以便获得探测目标的距离、方向等参数。

12.3.6 涉及知识点

傅里叶级数收敛定理 设 $f(x)$ 是周期为 2π 的周期函数,并满足狄利克雷(Dirichlet)条件:

(1)在一个周期内连续或只有有限个第一类间断点;

(2)在一个周期内只有有限个极值点。

则 $f(x)$ 的傅里叶级数收敛,且有

$$\frac{a_0}{2} + \sum_{n=1}^{\infty}(a_n\cos nx + b_n\sin nx) = \begin{cases} f(x), & x\text{ 为连续函数} \\ \dfrac{f(x^+) + f(x^-)}{2}, & x\text{ 为连续点} \end{cases}$$

12.4 雷达信号频谱分析问题

12.4.1 问题提出

雷达原意为无线电探测和测距,即用无线电的方法发现目标并测定它们的空间位置。因此,雷达也称为"无线电定位"。在第二次世界大战期间,雷达就已经出现了地对空、空对地(搜索)轰炸、空对空(截击)火控、敌我识别功能的雷达技术。

雷达的信息载体是无线电波。事实上,不论是可见光或是无线电波,在本质上是同一种物质,都是电磁波,在真空中传播的速度都是光速 C,差别在于它们各自的频率和波长不同。其原理是雷达设备的发射机通过天线把电磁波能量射向空间某一方向,处在此方向上的物体反射碰到的电磁波;雷达天线接收反射波,送至接收设备进行处理,提取有关该物体的某些信息(目标物体至雷达的距离,距离变化率或径向速度、方位、高度等)。

试对脉冲雷达进行频谱分析。

12.4.2 问题分析

大功率脉冲雷达是一种在军用和民用领域都有着广泛应用的无线电设备。矩形脉冲是最简单、最容易获得的信号,在实际应用中,大多数脉冲雷达采用的是矩形脉冲发射信号。

傅里叶变换的对称性表明,一个信号的时域与频域是有一定对应关系的,即给定一个脉冲信号,一定会有一个特定的频谱与之对应。那么,要想改变一个脉冲信号的频谱,就可以通过调制脉冲信号的时域形状去实现。

12.4.3 数学问题

如图 12-9 所示的矩形脉冲，其周期为 T，频率 $\omega = 2\pi/T$，脉冲宽度为 τ，高度为 E，试画出它的频谱图并分析之。

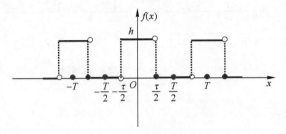

图 12-9 矩形脉冲信号

12.4.4 问题求解

思路：傅里叶级数在电子技术中的重要应用之一是利用它进行频谱分析。我们知道，一个周期函数 $f(x)$ 展开为傅里叶级数，在物理上意味着将一个较复杂的周期波形分解为许多不同频率的正弦波的迭加。这些正弦波的频率通常称为 $f(t)$ 的频率成分。如果 $f(t)$ 的周期为 T，令 $\omega = 2\pi/T$，那么 $f(t)$ 的频率成分（用角频率表示）就是

$$\omega, 2\omega, 3\omega, \cdots, n\omega, \cdots$$

在许多实际问题中，还需要进一步搞清楚每一种频率成分的正弦波的振幅有多大，这在物理和工程技术上称为"频谱分析"。而把各次谐波的振幅 $|c_n|$ 与频率 ω 的函数关系画成的线图称为"频谱图"。这里 c_n 由复数形式的傅里叶系数公式给出。

解题过程：关于矩形脉冲信号的复数形式的傅里叶展开式及傅里叶系数，同济大学编写的《高等数学》中已经给出，这里直接引用：

$$c_0 = \frac{E\tau}{T}$$

$$c_n = \frac{E}{n\pi}\sin\frac{n\pi\tau}{T}$$

$$f(t) = \frac{E\tau}{T} + \frac{E}{\pi}\sum_{\substack{n=-\infty\\n\neq 0}}^{+\infty}\frac{1}{n}\sin\frac{n\pi\tau}{T}e^{jn\omega t}$$

$$\left(-\infty < t < +\infty\ ; t \neq \pm\frac{\tau}{2}, \pm\frac{\tau}{2}+T, \cdots\right)$$

有了 c_n 便可方便地作出它的频谱图（见表 12-1 及图 12-10），这里设脉冲宽度 $\tau = \dfrac{T}{3}$。

表 12-1 矩形脉冲信号的"振幅频谱"

n	直流分量	1	2	3	4	5	6	7	...
c_n	$\dfrac{E}{3}$	$\dfrac{\sqrt{3}E}{2\pi}$	$\dfrac{\sqrt{3}E}{2\pi}\dfrac{1}{2}$	0	$\dfrac{\sqrt{3}E}{2\pi}\dfrac{1}{4}$	$\dfrac{\sqrt{3}E}{2\pi}\dfrac{1}{5}$	0	$\dfrac{\sqrt{3}E}{2\pi}\dfrac{1}{7}$	...

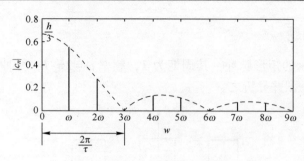

图 12-10 矩形脉冲信号的频谱

12.4.5 结果分析

从图 12-10 中看到，频率 $3\omega, 6\omega, 9\omega, \cdots$ 对应 $|c_n|=0$（这些点称为谱线的零点。其中 $3\omega_1 = 3\cdot\left(\dfrac{2\pi}{T}\right) = \dfrac{2\pi}{\dfrac{T}{3}} = \dfrac{2\pi}{\tau}$ 叫作第一个零值点）。在第一个零值点后，振幅相对减少，可以忽略不计。因此，矩形脉冲的频带宽度（谱线的第一个零值点以内的频率范围称为信号的频带宽度）为 $\Delta\omega = \dfrac{2\pi}{\tau}$。

我们还看到，矩形脉冲的频谱是离散的，也就是说，它的谱线是一条一条分开的。其间距是 $\omega_1 = \dfrac{2\pi}{T}$。而且，当脉冲宽度 τ 不变时，增大周期（即相邻的脉冲间隔加大），谱线之间的距离就缩小，也就是周期越大谱线越密。

12.4.6 涉及知识点

傅里叶级数的复数形式 设 $f(x)$ 是周期为 $2l$ 的周期函数，则

$$f(x) = \frac{a_0}{2} + \sum_{n=1}^{\infty}\left(a_n\cos\frac{n\pi x}{l} + b_n\sin\frac{n\pi x}{l}\right)$$

利用**欧拉公式**

$$\begin{cases}\cos\dfrac{n\pi x}{l} = \dfrac{1}{2}(e^{i\frac{n\pi x}{l}} + e^{-i\frac{n\pi x}{l}}) \\ \sin\dfrac{n\pi x}{l} = \dfrac{-i}{2}(e^{i\frac{n\pi x}{l}} - e^{-i\frac{n\pi x}{l}})\end{cases}$$

$$f(x) = \frac{a_0}{2} + \sum_{n=1}^{\infty}\left[\frac{a_n}{2}(e^{i\frac{n\pi x}{l}} + e^{-i\frac{n\pi x}{l}}) - \frac{ib_n}{2}(e^{i\frac{n\pi x}{l}} - e^{-i\frac{n\pi x}{l}})\right]$$

$$= \frac{a_0}{2} + \sum_{n=1}^{\infty}\left(\frac{a_n - ib_n}{2}e^{i\frac{n\pi x}{l}} + \frac{a_n + ib_n}{2}e^{-i\frac{n\pi x}{l}}\right)$$

其中，$c_0 = \dfrac{a_0}{2} = \dfrac{1}{2l}\displaystyle\int_{-l}^{l}f(x)\,\mathrm{d}x$。

$$c_n = \frac{a_n - ib_n}{2} = \frac{1}{2}\left[\frac{1}{l}\int_{-l}^{l}f(x)\cos\frac{n\pi x}{l}\mathrm{d}x - \frac{i}{l}\int_{-l}^{l}f(x)\sin\frac{n\pi x}{l}\mathrm{d}x\right]$$

$$= \frac{1}{2l} \int_{-l}^{l} f(x) \left(\cos \frac{n\pi x}{l} - i\sin \frac{n\pi x}{l} \right) dx$$

$$= \frac{1}{2l} \int_{-l}^{l} f(x) e^{-i\frac{n\pi x}{l}} dx, \quad n = 1, 2, 3, \cdots$$

同理

$$c_{-n} = \frac{a_n + ib_n}{2} = \frac{1}{2l} \int_{-l}^{l} f(x) e^{i\frac{n\pi x}{l}} dx, \quad n = 1, 2, 3, \cdots$$

因此得傅里叶级数的复数形式：

$$\begin{cases} f(x) = \sum_{n=-\infty}^{+\infty} c_n e^{i\frac{2n\pi x}{T}} \\ c_n = \frac{1}{2l} \int_{-l}^{l} f(x) e^{-i\frac{2n\pi x}{T}} dx \end{cases}, \quad n = 0, \pm 1, \pm 2, \cdots$$

习 题 12

1. 奖励基金创立问题。为了创立某奖励基金，需要筹集资金，现假设该基金从创立之日起，每年需要支付 400 万元作为奖励，设基金的利率为每年 5%，分别以年复利和连续复利计算利息，问需要筹集的资金为多少？

2. 银行贷款问题。设银行存款的年利率为 $r=0.05$，并以年利率计算。某基金会希望通过存款 A 万元，实现第 1 年提取 19 万元，第 2 年提取 28 万元，$\cdots$，第 n 年提取 $(10+9n)$ 万元，并能按此规律一直提取下去，问 A 至少应为多少元？

3. 建桥费用问题。建造一座钢桥费用为 380000 元，每隔 10 年需油漆一次，每次费用 4000 元，桥的期望寿命为 40 年，建造一座木桥费用为 200000 元，每隔 2 年需油漆一次，每次费用 2000 元，桥的期望寿命为 15 年，以贴现率 10%，比较哪一种更经济（建桥费中不包括油漆费）。

提示：贴现率又称折现率，计算公式为银行贴现率 =（1 - 购买时价格/面值）×100%。

4. 房子出售问题。一幢房子如立即售出可得 10 万元，或者可以用 5 年时间进行装修然后以 30 万元的价格售出，装修花费 10 万元，这笔费用可在第三年年底支付。银行可以 12% 的年复利借给这笔费用，而在卖出房子后收回本利。假设贴现率为 10%，问房主选择哪一种方案更有利？

参考文献

[1] 龚成通. 大学数学应用题精讲 [M]. 上海：华东理工大学出版社，2006.
[2] 朱健民，李建平. 高等数学（上）[M]. 北京：高等教育出版社，2013.
[3] 姜启源. 数学模型 [M]. 2版. 北京：高等教育出版社，1993.
[4] 康永强. 应用数学与数学文化 [M]. 北京：高等教育出版社，2001.
[5] 赵静，但琦. 数学建模与数学实验 [M]. 北京：高等教育出版社，2014.
[6] 同济大学数学系. 高等数学（上）[M]. 8版. 北京：高等教育出版社，2023.
[7] 李心灿. 高等数学应用205例 [M]. 北京：高等教育出版社，2005.
[8] 杨继坤. 基于时间序列分析的装备可用度预测方法 [J]. 海军航空工程学院学报，2013，28（1）：85-89.
[9] 黄奇. 两不同物件串联可修理系统的可用度的一个新的计算方案 [J]. 数学理论与应用，2004，24（2）：123-126.
[10] 杨继坤，徐廷学. 导弹武器系统可用度建模方法研究 [J]. 战术导弹技术，2012，32（5）：45-48.
[11] 李薇，黄振华，周群，等. 无风条件下军用装备定点投放的数学建模及仿真 [J]. 火力与指挥控制，2012，37：43-45.
[12] 王立华. 空气阻力对自由落体运动的影响 [J]. 沧州师范专科学校学报，2000，16（2）：50-52.
[13] 余莉，明晓，胡斌. 降落伞开伞过程的实验研究 [J]. 南京航空航天大学学报，2006，38（2）：176-180.
[14] 李薇，黄振华，周群，等. 复杂条件下军用装备定点投放的建模与仿真 [J]. 兵工自动化，2011，30：41-43.
[15] 丁冀. 鲜为人知的探照灯坦克部队 [J]. 国外坦克，2005，4：49-51.
[16] 李卫平，孙红，帅桂华. 动能子弹对机场跑道侵彻深度的工程算法 [J]. 兵器材料科学与工程，2012，35：12-15.
[17] 刘少坤，李赞成，史天成. 高速侵彻体对各种介质侵彻深度的工程计算 [J]. 弹箭与制导学报，2005，25（2）：56-58.
[18] 王丹，刘家新. 一般状态下悬链线方程的应用 [J]. 船舶工程，2007，36：26-28.
[19] 卢永刚，钱立新，杨云斌，等. 目标易损性/战斗部威力评估方法 [J]. 弹道学报，2005，17（1）：46-52.
[20] 徐晨. 某型火箭防空武器系统对巡航导弹的毁伤概率计算分析 [D]. 南京：南京理工大学，2009.
[21] 李晋庆，胡焕性. 聚焦型破片战斗部对目标毁伤概率的工程算法 [J]. 兵工学报，2003，24（4）：555-557.
[22] 王金云，王孟军，纪政. 某型火箭弹对巡航导弹毁伤概率仿真分析 [J]，指挥控制与仿真，2012，34：92-95.
[23] 李炜，范宁军，王正杰. EFP定向战斗部导弹系统毁伤概率分析 [J]. 弹道学报，2008，20（2）：60-63.

[24] 汪德虎,谭周寿,王建明,等.舰炮射击基础理论[M].北京:海潮出版社,1998.

[25] 林国问,马大为,朱忠领.基于多轴连通式油气悬架的导弹发射车振动性能研究[J].振动与冲击,2013,32:144-149.

[26] 朱晨光,杜辉.基于有限元的导弹垂直发射装置振动特性分析[J].舰船电子工程,2013,33:124-128.

[27] 郭迅,郭强岭.空空导弹振动试验条件分析[J].装备环境工程,2012,3:99-103.

[28] 朱敬举,张则敏,王晓峰,等.导弹振动问题对系统可靠性的影响及应对策略[J].装备环境工程,2010,3:75-78.

[29] 蒲家宁.军用输油管线[M].北京:解放军出版社,2001.

[30] 廖嘉,谢中华,刘寅立.储油罐的变位标定与罐容表的标定[J].天津科技大学学报,2011,26(3):32-35.

[31] 北京大学数学力学系高等数学教材编写组.常微分方程与无穷级数[M].北京:人民教育出版社,1978.

[32] 范青.基于时域脉冲整形的雷达频谱控制方法[J].现代雷达,2010,32(8):138.